中华复兴之光
万里锦绣河山

绝妙地理环境

冯 欢 主编

汕頭大學出版社

图书在版编目（CIP）数据

绝妙地理环境 / 冯欢主编. -- 汕头：汕头大学出版社，2016.1（2023.8重印）
（万里锦绣河山）
ISBN 978-7-5658-2376-3

Ⅰ. ①绝… Ⅱ. ①冯… Ⅲ. ①地理环境—介绍—中国 Ⅳ. ①X21

中国版本图书馆CIP数据核字（2016）第015654号

绝妙地理环境
JUEMIAO DILI HUANJING

主　　编：	冯　欢
责任编辑：	汪艳蕾
责任技编：	黄东生
封面设计：	大华文苑
出版发行：	汕头大学出版社
	广东省汕头市大学路243号汕头大学校园内　邮政编码：515063
电　　话：	0754-82904613
印　　刷：	三河市嵩川印刷有限公司
开　　本：	690mm×960mm　1/16
印　　张：	8
字　　数：	98千字
版　　次：	2016年1月第1版
印　　次：	2023年8月第4次印刷
定　　价：	39.80元

ISBN 978-7-5658-2376-3

版权所有，翻版必究
如发现印装质量问题，请与承印厂联系退换

前言

党的十八大报告指出："把生态文明建设放在突出地位，融入经济建设、政治建设、文化建设、社会建设各方面和全过程，努力建设美丽中国，实现中华民族永续发展。"

可见，美丽中国，是环境之美、时代之美、生活之美、社会之美、百姓之美的总和。生态文明与美丽中国紧密相连，建设美丽中国，其核心就是要按照生态文明要求，通过生态、经济、政治、文化以及社会建设，实现生态良好、经济繁荣、政治和谐以及人民幸福。

悠久的中华文明历史，从来就蕴含着深刻的发展智慧，其中一个重要特征就是强调人与自然的和谐统一，就是把我们人类看作自然世界的和谐组成部分。在新的时期，我们提出尊重自然、顺应自然、保护自然，这是对中华文明的大力弘扬，我们要用勤劳智慧的双手建设美丽中国，实现我们民族永续发展的中国梦想。

因此，美丽中国不仅表现在江山如此多娇方面，更表现在丰富的大美文化内涵方面。中华大地孕育了中华文化，中华文化是中华大地之魂，二者完美地结合，铸就了真正的美丽中国。中华文化源远流长，滚滚黄河、滔滔长江，是最直接的源头。这两大文化浪涛经过千百年冲刷洗礼和不断交流、融合以及沉淀，最终形成了求同存异、兼收并蓄的最辉煌最灿烂的中华文明。

五千年来，薪火相传，一脉相承，伟大的中华文化是世界上唯一绵延不绝而从没中断的古老文化，并始终充满了生机与活力，其根本的原因在于具有强大的包容性和广博性，并充分展现了顽强的生命力和神奇的文化奇观。中华文化的力量，已经深深熔铸到我们的生命力、创造力和凝聚力中，是我们民族的基因。中华民族的精神，也已深深植根于绵延数千年的优秀文化传统之中，是我们的根和魂。

中国文化博大精深，是中华各族人民五千年来创造、传承下来的物质文明和精神文明的总和，其内容包罗万象，浩若星汉，具有很强文化纵深，蕴含丰富宝藏。传承和弘扬优秀民族文化传统，保护民族文化遗产，建设更加优秀的新的中华文化，这是建设美丽中国的根本。

总之，要建设美丽的中国，实现中华文化伟大复兴，首先要站在传统文化前沿，薪火相传，一脉相承，宏扬和发展五千年来优秀的、光明的、先进的、科学的、文明的和自豪的文化，融合古今中外一切文化精华，构建具有中国特色的现代民族文化，向世界和未来展示中华民族的文化力量、文化价值与文化风采，让美丽中国更加辉煌出彩。

为此，在有关部门和专家指导下，我们收集整理了大量古今资料和最新研究成果，特别编撰了本套大型丛书。主要包括万里锦绣河山、悠久文明历史、独特地域风采、深厚建筑古蕴、名胜古迹奇观、珍贵物宝天华、博大精深汉语、千秋辉煌美术、绝美歌舞戏剧、淳朴民风习俗等，充分显示了美丽中国的中华民族厚重文化底蕴和强大民族凝聚力，具有极强系统性、广博性和规模性。

本套丛书唯美展现，美不胜收，语言通俗，图文并茂，形象直观，古风古雅，具有很强可读性、欣赏性和知识性，能够让广大读者全面感受到美丽中国丰富内涵的方方面面，能够增强民族自尊心和文化自豪感，并能很好继承和弘扬中华文化，创造未来中国特色的先进民族文化，引领中华民族走向伟大复兴，实现建设美丽中国的伟大梦想。

目 录

南方喀斯特

云南石林的喀斯特精华　002

贵州荔波的石上森林　014

肇庆七星岩的人间仙境　025

丹霞组合

030　福建泰宁拥有水上丹霞

037　湖南崀山的中国丹霞之魂

046　广东丹霞山的红石世界

057　江西龙虎山的丹霞绝景

063　猪八戒督造的龟峰丹霞

土林奇观

074　云南元谋孕育的土林之冠
084　西昌堆积体上的黄联土林

湿地特色

长江下游的肺脏鄱阳湖湿地　092
天然博物馆的向海湿地　102

冰川风貌

110　誉为绿色冰川的阿扎冰川
118　非常具有灵性的米堆冰川

南方喀斯特

我国南方喀斯特，由云南石林、贵州荔波、重庆武隆等地区共同组成。喀斯特就是岩溶地貌，是发育在以石灰岩和白云岩为主的碳酸盐岩上的地貌。

我国喀斯特具有面积大、地貌多样、典型、生物生态丰富等特点，具有独特的地理特色，如云南石林以雄、奇、险、秀、幽、奥、旷著称，被称为"世界喀斯特的精华"。贵州荔波是贵州高原和广西盆地过渡地带的锥状喀斯特，被认为是"中国南方喀斯特"的典型代表。

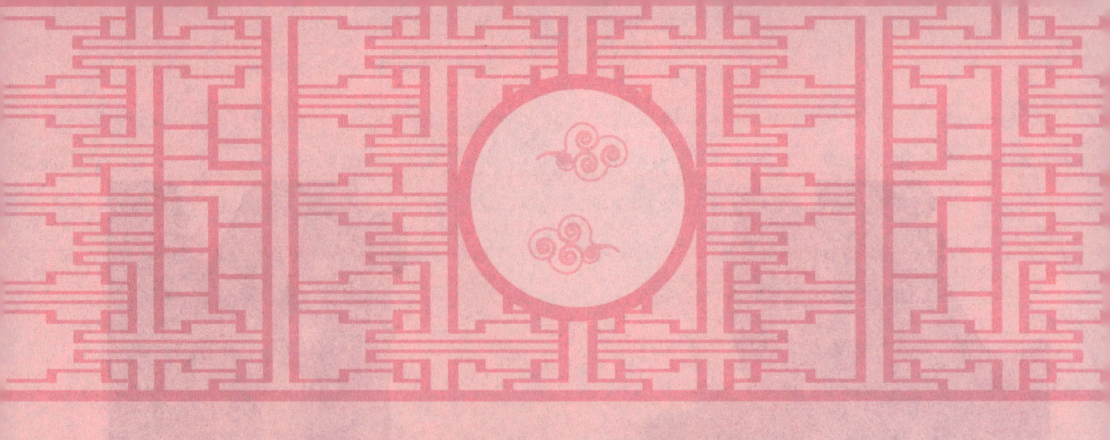

云南石林的喀斯特精华

在2.7亿多年前，云南的昆明地区还是一片宽广的海洋，这里阳光充足，温度适宜，海水中生活着大量的贝壳类和珊瑚类生物。各种生物遗体或遗迹埋藏于沉积物中，石化之后便形成了化石。

在海水的压力作用下，化石和其他碎屑形成了石灰岩。石灰岩是以方解石为主要成分的碳酸盐岩，容易被水溶解，尤其是在水体中富含二氧化碳时，因此石灰岩又被称为可溶性岩。

又过了1亿年，地壳运动使这片地区脱离了海洋环境，上升成为了

陆地，并爆发了大规模的火山活动，滚滚岩浆从地下深处沿断裂层喷溢而出。

炽热的岩浆流进这片区域，使早期形成的石芽、石柱被烘烤和掩埋。这些来自水中的岩石经受了地狱之火的考验，岩浆冷却后成为玄武岩，厚度达到了400多米。

在之后的近2亿年间，这片地区一直处于被玄武岩覆盖和缓慢的抬升状态。由于剥蚀作用，玄武岩盖层变得越来越薄。石灰岩和早期的石林重新露出地表，并开始新一轮的发育，这一轮发育持续了1000多万年。

到了5000多万年前的始新世时期，在早期喜马拉雅造山运动的影响下，这片地区掀斜抬升，形成了一个大型的内陆湖泊，称为"路南古湖"。

地表水不断从湖周向古湖汇集，同时将剥蚀下来的物质带入湖中，在湖底形成了厚厚的碎屑沉积，因颜色呈红色，所以又称红层沉

积。到2300万年前的渐新世末期，由于地壳抬升，古湖中心南移，湖水面积也逐渐缩小，最后在南部大叠水一带出现了悬崖，湖水泄出，古湖消亡。

在此期间，随着青藏高原的隆起，这片地区也处在持续的抬升过程中，那么就使水具有了较大的向下侵蚀的能力。随着侵蚀面积的加大和不匀均状况，逐渐就发育成了后来垂向立体的石林景观。

在地壳抬升的过程中，岩石不断受到力的挤压，在垂直方向上便产生了两组以上的裂隙，在平面上形成了网格状，然后水和生物沿这些裂缝向下溶蚀岩石。随着裂缝的加深加宽，一个个石柱分离出来，再经构造抬升，石柱露出地表，组合在一起就形成了石林。

在近3亿年的地质历史时期中，石林地貌的发育经历了新老交替，老的石林逐渐消失，新的石林不断形成。后来地质科学便将它命名为喀斯特岩溶地貌，并说这是3亿年地质变迁与风雨剥蚀留下的足迹。

云南石林喀斯特地质地貌奇观分布范围广袤，气势恢弘，类型多样，构景丰富，具有极高的美学价值。在云南石林，有雄奇的峰林、湖泊、瀑布、溶洞。天造奇观，美不胜收。

形态奇特的剑状、蘑菇状、塔状、柱状、城堡状、石芽、原野等，似人似物、栩栩如生的石林，或隐于洼地，或漫布盆地、山坡、旷野，或奇悬幽险，亭亭玉立，集中体现了世界能给予人类的最伟大惊奇。

石林的魅力，在于永远看不透，永远难以用言语表达清楚。置身石林，宛如进入石峰石柱的海洋。举目四望，比比皆是造型美妙的石峰石柱，稍换角度，景象又迥然不同，变化多端，让人目不暇接。

沿石缝间的曲折小径，忽而可达峰顶望远，忽而可至深谷探幽。但见嶙峋的奇峰怪石与奇花异草相映成趣，既有雄奇阳刚之美，又有阴柔妩媚之幽。

石林的石峰石柱，形态奇特，有的甚至状人拟物，惟妙惟肖。有的好似撒尼族人传说中的美丽少女阿诗玛，头戴包头，身负背篓，亭亭玉立，翘首远望；有的如"母子偕游"，一位雍容华贵的妇女携子漫步；有的好似"象踞石台"，一头凝固的大象立于石峰之上；有的

像"千钧一发",一块嶙峋巨石被两根壁立石柱撑在半空,看似随时要下落,经过其下,无不胆战心惊。石林奇石,无不形神兼备,栩栩如生,令人产生无尽的遐思。

不仅高大的石柱形态多样,石柱表面上的各种溶蚀纹理,也十分奇妙。大大小小的沟纹如精美雕刻装点石柱表面,有的齐整密集,细腻平滑,如刀削斧劈。有的粗糙散乱,凸凹不平,粗看杂乱无章,细看却排列有致,似象形文字,又似天然浮雕。

石林的石峰石柱,还会随天气的变化而改变颜色。阵雨之时,灰白色的石林须臾之间竟成了浓黑色,凝重端庄,宛如一幅泼墨山水画。雨过天晴,数十分钟内,无数石峰又魔幻般由黑色变成了斑驳的杂色,最后又变成灰白色,还其本来面目,让人惊叹。

在我国的古典园林中,石景是重要的组成部分。风景园林是浓郁的自然景观,因而其最高境界就是逼近自然。长久以来,石林景观的自然和谐与美妙形态,给园林艺术以深刻的影响。

许多石景建造的原则，如"立峰"的造型标准为"疲、漏、透、皱"，"卧石"的标准要如出土的石芽等，都是石林景观的写照。

石林之美，并不仅仅限于奇峰异石，而且还体现在石林与其他地貌和不同背景多种组合所呈现出来的整体美。成片的石林或突兀于广阔原野，或残留山脊，或藏于林间，或立于湖泊，在红土大地上，映衬着蓝天白云，如诗如画。

同一座石峰，同一处场景，不同的季节，不同的天气，甚至一天里的不同时间去看，都会是不同的景象，美轮美奂。

芝云洞位于一座石灰岩的大石山中，据史料记载，芝云洞是因洞口石似芝与云而得名。传说，在洞里面有仙人居住，故被称为"石洞仙踪"。

芝云洞磅礴空敞，可容千人，四壁乳窟，声之有声，击之有声，怪石不可名状。大芝云洞洞长400米，宽3米至15米，高5米至30米，呈"丫"形，两段洞由一低矮狭窄的洞门连为一体。进入洞中仿佛进入一葫芦的肚中，更显空阔。

洞内的钟乳石，玲珑剔透，奇形怪状，神工鬼斧。有的像金积玉，有的像飞禽走兽，有的像天宫仙人，移步换景，眼花缭乱。洞内的石称、石田、石浪很是奇特，仿佛可以直接在里面种田、游泳、下棋、睡觉似的。

四壁上的钟乳洞穴，轻轻敲击它们，就会发出惊耳的钟鼓声，久久回响。穹顶悬吊的钟乳石上挂着颗颗水珠，在彩烟下似星斗般璀璨夺目。

洞的顶端，有一个离地面30余米的盲洞，俗称"通天洞"，里面的巨大钟乳恐龙，形状活现，凶神恶煞。这些天然雕饰的景物，把地下洞装饰得犹如仙境。有诗赞道：

日永寻芳古洞间，清幽逼我红尘删。

浪痕斜涌翻苔径，岩窟横穿老石关。
铸就棋枰谁先奕，铺成床第几人困？
看来往事多奇迹，剩得芝云仙气围。

洞中央的石台上，立有一通明代万历年间的石碑，内容为叙述溶洞的盛景。

从洞口至洞尾，共有20多个由石钟乳组成的精美造型，有灵芝仙草、玉象撑天、倒挂金鸡、葡萄满园、云中坐佛、钻山骆驼、双狮恋、悟空取宝、东西龙宫、蛟龙升腾、千年玉树、太白金星、神牛寻母、水帘洞、龙虎斗、寿星摘桃、水漫金山寺等。

祭白龙洞距离芝云洞2千米，全长约450米，高约10米，宽不到10米。洞内除常见的石笋、石柱、石钟乳外，还有石花、卷曲石、方解石晶体、鹅卵石、石井等，形态奇美。

与其他溶洞特点不同的是，祭白龙洞溶石光滑透明，亮如水晶，洁白纯净，在灯光映照下，美不胜收。在这样的小洞中有如此玲珑奇巧的碳酸钙沉淀，真是世所罕见。

奇风洞是云南石林众多溶洞中最为奇特的一个，它不以钟乳石的怪异而出名，而是因其会像人一样呼吸而闻名，因此被称为"会呼吸的洞"。

每年雨季，大地吸收了大量的雨水，干涸的小河再次响起淙淙的流水声时，奇风洞也开始吹风吸风，发出"呼""吓"的喘息声，像一头疲倦的老牛在喘粗气。要是故意用泥巴封住洞口，它也会毫不费力地把泥巴吹开，照样自由自在地呼吸。

奇风洞吹风的时候，安静的大地突然间就会尘土飞扬，长声呼啸，并伴有隆隆的流水声，似乎洞中随时都可能涌现出洪水巨流，定眼窥视，却不见一滴水。风量大时，有置身于狂风之中，暴雨即将来临之感。

曾经有人就地扯了些干草柴枝放在洞前点燃，只见洞中吹出的风

把火苗浓烟吹得冲天而飞，足有3米之高。持续2分钟后火势渐弱，暂停10多分钟后，洞口火苗发出的浓烟突然又被吞进洞中，这样一吹一吸，循环往复，好似一个高明的魔术师在玩七窍喷火的把戏。

云南石林喀斯特，无论是在类型分布的多样性、溶岩发育的独特性、地质演化的复杂性、岩石机理的美学性，还是观赏的通达性以及代表性和唯一性等方面，都名列前茅。尤其石林有部分区域是石灰岩与玄武岩交叠覆盖，演化成的地质地貌，更是世界罕见。

石林地区还有大量的古脊椎动物化石，是我国古脊椎动物化石的重点保护区域，同时还是云南80万年前旧石器和新石器遗迹遗址最为丰富的一个地区。

其中的李子园箐的石林崖画、石刻，反映着少数民族古老的祭祀烟火及舞蹈、狩猎、战斗等场面。

步哨山位于大石林之东，小石林之南，以环林东路为界，呈南向

北带状展布，地貌上属大石林溶蚀洼地东部斜坡平台。

步哨山山顶海拔约1.8千米，高出大石林望峰亭近50米，是石林海拔最高的地方。登高远望，林海松涛，柱石参差。漫步山间，石林卓越，剑峰罗列。

这里多柱状石林，有"步哨五石门""步哨松涛"等独特景观。有巨型腹足类化石、珊瑚化石等海洋生物化石，记录着2.7亿年前石林地区生机勃勃的海底世界。

石林既是自然的风景，也是人文的风景，与石林相伴的少数民族的生活风情，不仅创造了丰富的历史文化，还创造了多姿多彩的民间文化艺术。

其独特的语言文字、内涵丰富的诗文传说、斑斓绚丽的民族服饰、火热豪放的民族歌舞、古朴粗犷的摔跤竞技、风格奇特的婚丧嫁娶,无不体现出古老民族的文化韵味和地域特征。

知识点滴

在云南石林,还有一处奇特的存在,那就是黑松岩,那里石质黝黑古朴,气势磅礴,有如大海怒涛冲天而起。

黑松岩地区地下处处有溶洞,已经探明的大小溶洞就有9个。用"峰上望、林中游、地下钻"来形容黑松岩景区的特点,十分贴切。

进入黑松岩必须从白云湖畔通过,白云湖平躺在黑松岩的脚下,像一面明镜吞纳了四周的飞鸟花卉。云湖水无浪无喧,也不藏深邃,远看云贵,破土而出且富有艺术感的盘石,疏朗有致地分布在草原上,闲花漫笔似的点缀,这一景致活像一幅巨大的油画。

湖中有两岛,一为"红云岛",一为"白云岛",泛舟湖上,犹如仙境。黑松岩与云湖一山一水,一黑一白,对比鲜明,秀媚与雄奇浑然一体,使黑松岩更显得完美无缺。

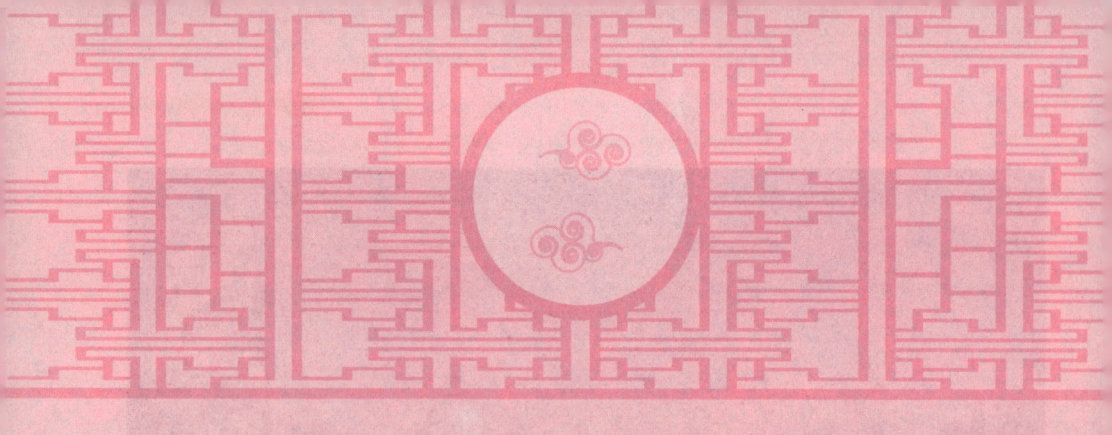

贵州荔波的石上森林

贵州荔波喀斯特位于贵州东南部的荔波,是贵州高原和广西盆地过渡地带锥状喀斯特的典型代表,被认为是"中国南方喀斯特"的典型代表。

荔波喀斯特最醒目的就是锥状喀斯特,最典型的类型是峰丛喀斯

特和峰林喀斯特。峰丛景观与峰林景观呈有序排列，展示了相互地貌的演化与递变。

荔波喀斯特具有特殊的喀斯特森林生态系统与显著的生物多样性，包含了众多特有的和濒危的动植物以及栖息地，代表了大陆型热带、亚热带锥状喀斯特的地质演化和生物生态过程，是研究裸露型锥状喀斯特发育区喀斯特森林植被的自然"本底"及森林生态系统结构、功能、平衡的理想地和天然试验场所。

在荔波的茂兰，保存着世界面积最大的喀斯特原始森林。茂兰位于荔波县的东南部，是我国中亚热带喀斯特地貌上原生性森林植被保存较完好的一块宝地，总面积130多平方千米，森林覆盖面积率达91%。

茂兰喀斯特森林作为一处珍贵的风景资源，超脱了喀斯特风景的固定程式，改变了喀斯特荒芜的情调，把千姿百态的山光水景、地下溶洞与碧绿的森林景色糅合在一起，呈现出一幅完美的自然景色。

由于地理位置特殊，气候温暖湿润，以及喀斯特地质地貌影响，

形成了丰富多样的小生境，既有岩石裸露、气候变化大的石芽、崩塌的大石块干旱生境，也有土层相对深厚、营养元素丰富、有机质含量较高的气候变幅境，也有直射光难以到达的小的石沟、石缝湿润肥沃生境，还有阳光充足的明亮生阴暗生境。

小生境的多样性导致了植物群落物种丰富及生态系统结构复杂，在区系成分上，动植物处于过渡交错地带，因而资源非常丰富。

这里生长乔木树种达500多种，有被称为活化石的银杏、鹅掌楸等多种珍稀树种，还有我国独有的掌叶木、射毛悬竹和席竹等。它们共生在一起，组成了奇异的天然复层混交林。

这片茂密的原始森林，也为林麝、猕猴、香獐、华南虎、野牛、熊、豹、白猴等许多古老的野生动物，以及各种两栖爬行类、昆虫类生物提供了良好的栖息场所。

茂兰独特的地理环境及其上覆盖的喀斯特森林，造就了其独特的风景景观。根据其景观特色，分为森林地貌景观、水文景观及洞穴景观三大类型。

茂兰喀斯特森林是我国罕见的中亚热带喀斯特原生性较强的残存森林。该区由森林和喀斯特地貌组合形成的生态系统，不仅为科学研究提供了鲜活的资料，而且给人以美的享受。

不同的喀斯特地貌形态及地貌类型，与浓郁的森林覆盖相搭配，形成了艳丽多姿的喀斯特森林地貌景观。可分为漏斗森林、洼地森林、谷地森林及槽谷森林四大景观。

漏斗森林为森林密集覆盖的喀斯特峰丛漏斗，状若深邃的巨大绿色窝穴。漏斗底至锥峰顶一般高差150米至300米，人迹罕至，万物都保持着原始自然的特色。各种各样的树木根系窜于喀斯特裂隙之中，奇形怪状的藤萝攀附着林冠和平共处峭壁之上，枝叶繁茂，浓荫蔽日，形成了神秘而恬静的漏斗森林景色。

洼地森林为森林广泛覆盖的喀斯特锥峰洼地，常有农田房舍分布其间。田园镶嵌在绿色峰丛之间，喀斯特大泉及地下河水自洼地边缓缓流出，清澈透明，构成山清水秀的田园森林风光。

盆地森林为森林覆盖的喀斯特峰林盆地，四周森林茂密的孤峰及峰丛巍然耸立。盆地开阔平坦，锥峰挺拔俊秀，上下一片碧绿，形成了蔚然壮观的盆地森林景观。

槽谷森林为森林浓密覆盖的喀斯特槽谷。谷中巨石累累，巨石上布满藤萝树木。谷地忽宽忽窄，两岸锥峰时高时低，森林覆盖疏密不定，地下河时隐时露，流水清澈，形成神秘而肃静的景色。

在茂兰喀斯特森林，种类繁多的地下水露头和地表溪流在千姿百态的青峰掩映之下，展示出一派瑰丽珍奇的水景山色。

区内的喀斯特水文情况主要有地下河出、入口及明流、瀑布、喀斯特潭、湖泊、地下河天窗、喀斯特泉、多湖泉及森林滞汐泉等。

这些水文现象与一般喀斯特地区并无本质上的差别，但因其出露及径流之处多为森林及树丛所掩盖，致使密林之中清流若隐若现，为喀斯特山水增添了清新的色彩。

地下河出入口及明流段，区

内多见于东南部，一般沿绿色群峰环抱的盆地及洼地一侧流出，迂回曲折，时隐时现。再沿另一侧潜入地下，来无影，去无踪，给人以神秘之感。

区内最大的瀑布，见于瑶所东侧绿色峡谷出口处。系瑶所地下河骤然出露地表而形成，总落差70余米。瀑布沿绿荫覆盖的喀斯特陡壁层层跌落，水花飞溅，恰似银白色飘带悬挂于绿茵丛中，蔚为壮观。另外还有小七孔响水河68级瀑布群、拉雅瀑布等，均各有特色。

茂兰的地下洞穴极为发达，遍布全区，多与地下河道纵横交错。有的千姿百态，有的神秘莫测，有的奇形怪状，实为不可多得的旅游探险资源。

洞穴中，以花峒一带的洞穴最为丰富和壮观，如九洞天、神仙洞、金狮洞等。九洞天中，有一座石柱，像一尊大佛，惟妙惟肖。当地群众常到洞中求神拜佛，祈祷生儿育女、来年有好收成。

最奇特的是地处洞山的金狮洞，洞长不过300米，但洞中石笋、石柱、石旗、钟乳石等极为发达和集中，洞中集水，水深仅至膝，石笋生长在水中成林，似岛屿、珊瑚礁沿岸簇状分布。有的犹如茶花含苞欲放，有的似雪莲、浮萍，洁净雪白，蕴为雪山美景，有的如水中灵芝，迎水倾斜，构成了一个难得的洞穴艺术宫。

荔波樟江风景区在贵州省布依族苗族自治州荔波县境内，山川秀美，自然风光旖旎而神奇。喀斯特形态多种多样，锥峰尖削而密集，洼地深邃而陡峭，锥峰洼地层层叠叠，呈现出峰峦叠嶂的喀斯特峰丛奇特景观。

荔波樟江风景名胜区由小七孔景区、大七孔景区、水春河景区和樟江沿河风光带组成，面积271平方千米。樟江沿河风光带，全长30千米，一水贯穿水春河峡谷和大七孔、小七孔景区。河面水流平稳，水清如玉，两岸青山绿树，农田村落，交织成美丽的田园风光。

小七孔景区是因一座清朝时期的小七孔古桥而得名，这是一处融山、水、林、洞、湖、瀑为一体的天然原始奇景。

小七孔景区秀丽奇艳，有"超级盆景"的美誉。鸳鸯湖是这里最耀眼的一个亮点。穿越重重森林，你会惊喜地发现两大片蓝蓝的湖水，静卧于树木环抱之中。湖水颜色浓淡不一，竟有红、橙、黄、绿、青、蓝、紫七色，这是各色树木映入水中，经过湖水吸收、反射和折射而成。

水上森林则是一片极其独特的森林。仔细看去，这里的千百株树木，全都植根于水中的顽石上，又透过顽石扎根于水底的河床。

水中有石，石上有树，树植水中，这种水、石、树相偎相依的奇景，令人叹为观止。

此外，响水河68级叠水瀑布群，像一条飘动的银链，拉雅瀑布飘洒着清凉的珍珠雨，沁人心脾。卧龙潭潭水幽深，春来潭水绿如碧玉之景观，令人惊叹。夏季潭水飞泻大坝，涛声震天，瀑布壮观惊人。

天钟洞深邃莫测，大自然神工造化，洞景千姿百态，俨如梦幻仙

境。神秘的漏斗森林中的野猪林,林水交融的水上森林,奇特的龟背山喀斯特森林,在世界上的自然风光中独具一格。

大七孔是以一座"大七孔古桥"而得名,分布着原始森林、峡谷、伏流、地下湖等,充满了神秘色彩。大七孔景区气势恢宏,雄奇险峻。妖风洞暗河阴森,传说使人胆战心惊,激流跃进洞口,形成层层叠水。

天生桥又名仙人桥,屹立于河上,桥高雄峻,气势非凡,人称"东方凯旋门"。地峨宫神秘莫测,宫中有河、有瀑、有湖,幽深绝妙,实为贵州高原最大的地下"宫殿"。

妖风洞又称为黑洞,因为洞内黢黑,伸手不见五指。传说洞内藏着妖怪,它常年兴风作浪,在离洞口200米之外的地方就能感到扑面而来的嗖嗖凉风和森森寒意。

洞首是一条数十米长的窄巷，划船进去可以见一道宽10米、高20米的瀑布。洞长7.5千米，洞高50米，洞内有巨石滚滚，将至洞尾处有一巨大湖泊，往前行乃一窄巷，洞壁如削，一道十余米高的瀑布挡住去路。

若在洞壁凿岩设栈道，则再行里许便出洞口，天地豁然开朗，二层河在这里汇成一个面积约1000平方米的喀斯特湖泊。密密实实绿荫围匝的高原湖一尘不染，山林静谧，空气鲜活。

从大七孔桥溯流而上是一道长长的天神峡谷，峡谷内危崖层叠，峭壁耸立，岚气缭绕。最为奇异的是，在这里不能大声呼叫，否则绝壁上的大小石块会飞溅而来，当地百姓谓之为天神恼怒，这里因此得名为恐怖峡。

在名叫"虎刀壁"的陡崖上，洞口密布，岩腹中是一个巨大的溶洞，名为"万鸟洞"，洞中栖息着成千上万只山燕。

每天晨曦初露时，山燕子成群结队从溶洞里蜂拥飞出，"哩哩"鸣叫，在峡谷里追逐盘旋，足足飞一个多小时才能全部出洞。一时间鸟翅蔽天，翔声震耳，蔚为壮观。

此外，危岩峭壁的山神峡，横溪高大的双溪桥，终年滚滚喷涌的清水塘，两岸树木参天的笑天河，原始森林覆盖的清澈透底的二层湖，均为少见的景致。

水春河峡谷景区，两岸绝壁夹峙，植被丰茂，怪石突兀，水面晶莹，风光诱人。以喀斯特地貌上樟江水系的水景特色和浩瀚苍莽的森林景观为主体。景物景观动静和谐、刚柔相济，既蕴含着奇、幽、俊、秀、古、野、险、雄的自然美，又有浓郁独特、多姿多彩的少数民族风情。

知识点滴

水书是水族人民千百年来的精神信仰、伦理道德、哲学思想以及生产生活经验等诸多方面的累积。

是古代水族先民用类似甲骨文和金文的一种古老文字符号，记载水族古代天文、地理、民俗、宗教、伦理、哲学、美学、法学、人类学等的古老文化典籍，它所涵盖的内容充分地展示了水族人民的智慧，深深地影响着现代水家人生产生活的各个方面。

在茂兰保护区，水族文化和水书传承依然保存得相当完好，逢年过节或重大择日活动，当地的水族人都要请水书先生设祭，祈求获得保佑。

在打开水书之前，人们会用五谷、鸡、鸭、鱼、肉祭水书祖先，然后才开始翻阅，以消灾避祸，祈求平安。

肇庆七星岩的人间仙境

　　远古时期，黄帝的孙子颛顼与炎帝的后代共工一同争夺天下，共工氏将不周山拦腰撞断。霎时间天地巨变，山川移动，河水倒流，天边出现了一个巨大的窟窿。

　　女神女娲目睹人类遭受如此奇祸，感到无比痛苦，于是决心补天。她在天台山上架起大火，足足炼了七七四十九天，终于炼成了七块补天巨石。女娲召集众神商量谁愿承担补天重任，七位神仙立马上前领命。

　　女娲交给每位神仙一条赭鞭，并说："有劳各位，只要挥动此鞭便可随祥云一同抵达。"

　　七神接过女娲交给的赭

鞭，便在夜色中驱赶巨石，然后腾云驾雾而去。但他们到达西江口时，看到江两岸美景无限，诸神一时间竟然看得痴了，忘记了赶路。

后来一阵狂风吹来，七块巨石被吹落人间，变成了七座俊秀的山岩，和碧绿的湖水交相辉映。

"妙哉！妙哉！"一位神仙突然哈哈大笑起来。

"此话怎讲？"众神仙表示不解。

"诸位请看，此七座高耸的山岩，前六岩并排而列，状若贯珠，后一岩横控期背，像不像北斗七星？此乃仙境落人间呀！"

"正是！正是！无怪乎巨石不走，上天有意让其长留人间壮美景啊！"神仙们无不额手称庆，为七座山取名"七星岩"。

女娲知道此事后并没有怪罪七位神仙，反而庆幸又为人间多造了一处奇观胜景。很快，女娲又重新炼出五彩巨石，成功将天补好，大地重新焕发了生机。

七星岩位于广东肇庆北部，由五湖、六岗、七岩、八洞组成，面积8230平方米。肇庆七星岩湖中有山，山中有洞，洞中有河，可以说是景在城中不见城，美如人间仙境。

七星岩以喀斯特溶岩地貌的岩峰和湖泊为主要特色，七座排列如北斗七星的石灰岩岩峰巧妙分布在面积达6300平方米的湖面上，约20千米长的湖堤把湖面分割成五大湖，风光旖旎，被誉为"人间仙境"和"岭南第一奇观"。

七星岩历史悠久。相传在远古时期这里是一片汪洋大海，海陆变迁之后隆起而成为了七星岩洞。上百万年来，石灰岩经雨水溶解成乳状液，后又凝结，日积月累形成各种形状，使那石乳、石笋、石柱和石幔千姿百态，蔚为奇观。早在晋代就已经有文字记载了，在隋唐至宋时便被称为栖霞洞。

七星岩主体由阆风岩、玉屏岩、石室岩、天柱岩、蟾蜍岩、仙掌岩、阿坡岩七座石灰岩山峰组成，排列如北斗七星般撒落在碧波如镜的近600公顷的湖面上。

星湖原是由西江古河道形成的沥湖，约20千米长的林荫湖堤如绿色飘带般地把仙女湖、中心湖、波海湖、青莲湖和里湖连接在了一起，湖光山色，绰约多姿，十分美丽。

七星岩雄伟深邃，洞中经年留下了许多诗文和题刻。这些摩崖石刻共有531题，其中石室洞有333题，是广东保存最多、最集中的石刻群。广东石刻以唐为贵，七星岩就有唐刻4题。石刻以汉字为主，还有藏文和西班牙文。唐朝书法家李邕曾慕名前来，写下了著名的《端州石室记》，并镌刻在石室洞口的石壁上，是七星岩摩崖石刻的珍品。

石室洞由龙岩洞、碧霞洞和莲花洞组成。石室洞是七星岩开辟最早、景物最多的溶洞。穹隆高大，千姿百态，如梦如幻的景观，令历代文人骚客陶醉，并留下赞美的诗篇。洞中存各种文体石刻333题，可见石室洞在七星岩中的名望。

石峒古庙位于七星岩东北部，始建于唐初，又于1585年重建，后来又经过两次修葺，因古庙置于岩洞中而得名。庙中供奉的是附近百姓信奉的周氏神。

在石峒古庙右侧有两个巨大的石笋，一高一低，酷似古人，这就是和合二仙。其中，一仙人手袖之下，有一个闪光平滑小穴。相传这小穴古时候天天都有雪花花的白米流出来，所以名为"出米洞"。

莲湖泛舟的最佳观赏点在红莲桥南风情码头处，在这里设有竹排、摇橹木船等，船在水中行，景色两岸走，如在画中游，休闲舒适、快意悠悠。

知识点滴

传说，朱元璋死后，皇权传给其孙子朱允炆，可是好景不长。朱允炆当了3年多皇帝后，遭到了叔父朱棣的竭力反对，于是弃袍出逃。

有一天，朱允炆逃到了石峒古庙，躲藏在阴森森的石洞之中。石峒古庙住着一个看庙的和尚，出米洞每天流出一升米供他吃用。说也奇怪，自从朱允炆来了之后，出米洞竟然又多流出了白花花的大米，足够二人食用。

但朱允炆每晚都梦见有人来追杀他，所以没多久就走了。朱允炆一走，出米洞又按原来的数量出米，令和尚大为恼火。

有一天早上，和尚拿来手锤，将出米洞的小穴敲大了，然后就盘腿闭目等着，可是从早上等到天黑，也没有出一粒米，出米洞就这样变成了石洞。

丹霞组合

在我国，丹霞指的是一种有着特殊地貌特征以及与众不同的红颜色的地貌景观，其形状像"玫瑰色的云彩"或者"深红色的霞光"。

它是红色砂岩经长阿期风化剥离和流水侵蚀，形成的孤立山峰和陡峭的奇岩怪石，是巨厚红色砂、砾岩层中沿垂直节理发育的各种丹霞奇峰的总称。

由于我国地理环境的区域差异，使丹霞地貌的发育特征表现出一定的差异性。不同的气候带产生的外力组合，以及晚近地质时期环境的变迁，都不同程度地影响丹霞地貌的发育进程和地貌特征的继承与演变。

福建泰宁拥有水上丹霞

　　丹霞地貌是由产状水平或平缓的层状铁钙质混合不均匀胶结而成的红色碎屑岩，主要是砾岩和砂岩，受垂直或高角度的节理切割，并在差异风化、重力崩塌、流水溶蚀、风力侵蚀等综合作用下形成的有陡崖的城堡状、宝塔状、针状、柱状、棒状、方山状或峰林状的地形。

　　丹霞地貌发育始于第三纪晚期的喜马拉雅山运动时期，这次造

山运动使得部分红色地层发生倾斜和舒缓褶曲，并使红色盆地抬升，形成外流区。

流水向盆地中部低洼处集中，并沿着岩层的垂直节理进行不断地侵蚀，形成两壁直立的深沟，称为巷谷。巷谷崖麓的崩积物在大于流水作用，不能被全部搬走时，就会沉积下来，形成坡度较缓的崩积锥。

随着沟壁的崩塌后退，崩积锥不断向上增长，覆盖基岩面的范围也不断扩大，崩积锥下部基岩形成一个和崩积锥倾斜方向一致的缓坡。崖面的崩塌后退还使山顶面范围逐渐缩小，形成堡状残峰、石墙或石柱等地貌。

随着进一步的侵蚀，一些残峰、石墙和石柱逐渐消失，形成缓坡丘陵。在红色砂砾岩层中有不少石灰岩砾石和碳酸钙胶结物，碳酸钙被水溶解后常形成一些溶沟、石芽和溶洞，或者形成薄层的钙化沉积，甚至发育有石钟乳，在沿节理交汇的地方还可以发育成漏斗。

在砂岩中，因有交错层理所形成的锦绣般的地形，被称为锦石。河流深切的岩层，可以形成顶部平齐、四壁陡峭的方山，或者被切割成各种各样的奇峰，有直立的、堡垒状的、宝塔状的等。

在岩层倾角较大的地区，有的岩层被侵蚀形成起伏如龙的单斜山脊，有多个单斜山脊相邻的称为单斜峰群，有的岩层沿着垂直节理发

生大面积的崩塌，形成高大、壮观的陡崖坡，陡崖坡沿某组主要节理的走向发育，形成高大的石墙，石墙的蚀穿形成石窗，石窗进一步扩大，变成石桥。有的岩块之间形成狭陡的巷谷，因岩壁呈红色而被命名为"赤壁"，壁上常发育有沿层面的岩洞。

泰宁丹霞由典型的丹霞地貌区及其自然地理要素组成，在造貌岩性、地貌形态、演化阶段等方面独具一格，有别于其他地区的丹霞地貌，因而称其为"泰宁式"丹霞地貌。

泰宁盆地是在华夏古板块武夷山隆起的背景上发育的白垩纪红色断陷盆地，由朱口和梅口两个小红色盆地构成，形成丹霞的岩石为白垩纪中晚期的崇安组砾岩、砂砾岩，总体地势由西北向东南倾斜，西部、北部高，东南缓，中部低。最高处为记子顶，海拔674米，地形最大高差可达400米。

泰宁丹霞拥有举世罕见的"水上丹霞""峡谷大观园"和"洞穴博

物馆"奇观，是我国东南沿海面积最大、地貌类型最全、景观价值最高的丹霞地貌，成因以风化、水蚀、重力为主，岩溶作用为辅。

泰宁丹霞地貌包括上清溪、金湖、龙王岩及八仙崖等4个丹霞地貌区，合计面积为166平方千米，以峡谷群落、洞穴奇观、水上丹霞、原始生态、地质文化为主要特点，是我国少有的尚处于地貌发展演化旋回阶段的青年期丹霞地貌的典型代表，也是研究我国东南大陆中生代以来地质构造演化的典型地区。

这些丹霞地貌区原为4个大小不一的白垩纪红色碎屑岩盆地，盆地的西北缘或西缘都发育有大断层。盆地中还发育有走向不同的一系列断层。盆地中的红色岩层除向盆地中心倾斜以外，还向大断层的一侧倾斜，形成不少单斜及近水平的丹霞地貌，构成秀美、奇特、壮丽的风景。

泰宁丹霞地貌区的自然景观以幽深的峡谷、神奇的洞穴、灵秀的山水和原始的生态为特色，保持了海拔约450米的古夷平面，形成了400多种多条深切峡谷群，构成了独具一格的网状谷地和红色山块，其中的线谷、巷谷、峡谷、赤壁发育、丹霞岩槽、洞穴不计其数，负地貌特征极其突出。

泰宁丹霞地貌区峡谷是由70多条线谷、130余条巷谷、220多条峡谷构成的丹霞峡谷群，它以崖壁高耸、生态优良、洞穴众多为特色，极具观赏性。它们有的纵横交错，有的并行排列，有的则九曲回肠，形成深切曲流的奇观。

丹霞峡谷大都曲折幽深，峡中树竹葱茏，藤萝密布，溪水清清，鸟韵依依。若乘竹筏在曲流中漂游，则如欣赏一幅美妙的山水长卷，给人以动态的美感。

洞穴是泰宁丹霞地貌的奇观，据不完全统计，泰宁地区有大型单

体洞60余处，其洞长在10余米至400余米不等，洞穴群则多达上百处。

在泰宁丹崖赤壁上分布的千姿百态的丹霞洞穴，独具特色。洞穴大者可容千人，小的状若蜂巢。洞穴组合或特立独行，或成群聚集，或层层套叠。

洞穴的造型若人、若禽、若兽、若物，变化万千。洞穴装点着赤壁丹崖，为赤壁丹崖增添了许多奇异的色彩。

泰宁丹霞洞穴不仅极具观赏性，而且还是研究丹霞洞穴的理想场所。一些规模较大的洞穴内还保留有寺、庙、观、庵等建筑物，使得丹霞洞穴散发出一种神秘而厚重的宗教文化气息。

泰宁丹霞山水景观的特点集中表现在山峰的千姿百态和秀美。这些群山中的峰林、峰丛、石柱、石墙，形象各异，它们赤壁倒悬、危崖劲露，或雄风大气，或灵秀雅致。

山峰的造型怡秀清丽，众多水体点缀其间，山峰的赤壁丹崖与绿树碧水相依相映,色彩瑰丽。金湖水深色碧,岛湖相连,湾汊相间,群峰竞秀,展现在人们眼前的是一幅幅浓淡相宜、富有诗情画意的泼墨山水画面,置身其中,流连忘返。

泰宁丹霞生态景观的特点在于古人对林木的精心保护,致使泰宁丹霞地貌区生态环境优良。

在地貌区的核心地带,沟壑纵横,人迹罕至,生态系统保持完整,林木生机盎然,藤萝攀岩附树。行走其中,稀有树种、珍贵野禽常见。这里空气清新,是天然的氧吧。

特别是上清溪、金湖、九龙潭等溪流、湖泊、深潭与丹霞地貌相结合,构成了景色秀丽的"水上丹霞",异常迷人。

知识点滴

九龙潭是著名的水上丹霞景观,也是世界上最长的水上奇峡,因有九条蜿蜒如龙的山涧溪水注放潭中,故名九龙潭。九龙潭的主体是由丹霞地貌构成的丹霞湖,潭面长约5千米,最宽处约百米,最窄处不足1米,潭深可达18米。

其中的应龙峡堪称稀世奇景,全长约1200米,两岸绝壁,一脉水天,岩槽石罅,飞瀑流泉,为目前发现的最长的水上一线天。荡舟九龙潭,潭边奇峰突兀、峭壁林立,十分清幽寂静,使人恍若处身世外。

水在这片丹霞里低回百转,一弯一景,一程一貌。漂流其间,在清、静、奇、野等元素完全融合的氛围中,亲山、亲水、亲氧、亲绿,人与自然亲密无间,乐在其中,陶醉其间。

湖南崀山的中国丹霞之魂

　　大约4亿年前，崀山地区还是一片汪洋。后来，造山运动将它抬出水面，形成了陆地。不久，崀山和桂林、长沙一带的"湘桂海洋基地"再次陷入海底。

　　此后又历经了数十次的地壳运动，时生时灭，直至两亿年前，剧烈的造山运动才又将它从水底托起，形成了典型的丹霞地貌。

　　构成崀山丹霞地貌的岩层是形成于9000万年前到6500万年间的晚白垩世时期的陆相红

色碎屑岩系，岩石中北东向与北西、近南北向网格状垂直节理发育得极为完善，是构成崀山地区丹霞地貌的物质基础与空间条件。

由于崀山地区处于亚热带湿润气候区，降雨充沛，地表径流发达，再加上流水侵蚀及其诱发的重力作用，促成了丹霞地貌的形成。

在重力堆积的作用下，逐渐构成了坡面的非凡景观，如有的巨石形成了有观赏价值的蛤蟆石、美女梳妆等形象化石，而有的个景由于垂直节理发育加上单斜岩层层理，出现了临空危岩。还有的顺层理方向临空或顺节理方向临空，如斗篷寨、将军石、蜡烛峰等，景象异常壮观。

崀山丹霞地貌区，造型多姿多彩，瑰奇险秀，是一座罕见的大型"丹霞地貌博物馆"，这里山水林洞，要素齐全，气候宜人，素有"五岭皆炎热，宜人独崀山"之说。

在这里，丹霞地貌有石崖、石门、石寨、石墙、石柱、石梁、

石峰、一线天、天生桥、单面山、峰丛、峰林、峡谷、岩槽、崩积岩块、天然壁画，造型地貌有穿洞、扁平洞、额状洞、蜂窝状洞、溶洞、水蚀洞穴、竖状洞穴、堆积洞穴、崩塌洞穴等26种结构和类型，崀山丹霞发育一应俱全，被称为"中国丹霞之魂"。

崀山丹霞地貌的结构与特征的典型性和完整性是十分罕见的。一线天是丹霞地貌中难得发育的景观，而在崀山就发现了十多处，天下第一巷西侧大约不到150米的范围内就有与之平行的遇仙巷、马蹄巷、清风巷三条石巷。

丹霞地貌形成天生桥十分难得，而在崀山就发现了五座。崀山丹霞地貌的形成与发展过程也十分清楚，幼年期、壮年期、老年期的地质遗迹发育良好，保存完整，特别是代表丹霞壮年早期的密集型簇群式峰丛，鹤立同类地貌，一枝独秀，无与伦比。

崀山丹霞的喀斯特混合地貌也独具特色，崀山丹霞地质的紫红色砂砾岩胶结物，普遍含有碳酸钙和石灰岩砾石，岩溶作用显著，形成了以溶蚀漏斗、溶蚀洼地、溶洞为标志的丹霞喀斯特，或者在上部的白垩纪红层砾岩发育成丹霞，下部石灰岩发育成喀斯特，如崀山飞濂洞可溶性喀斯特和白面寨五柱岩溶洞非溶性喀斯特现象就极具对比价值，具有不可替代性。

崀山丹霞多生物的生态系统令人惊奇。崀山是华南、华中、滇黔桂等动、植物区系的交会过渡地带和中亚热带含华南植物区系成分的常绿阔叶林植被亚地带。整个景区四季常青，常年碧绿。

动植物区的植物起源古老，物种丰富，新种密布，是大量珍稀濒危植物、古老植物的重要栖息地和大自然珍贵的生物基因库。

崀山丹霞区有1421种野生维管束植物，大型真菌150种，其中列入我国物种红色名录的有21种，国家重点保护植物23种，其中一级重点保护植物有南方红豆杉、伯乐树、银杏3种，有9个植被型，71个植物群系，植被覆盖率85%。

崀山丹霞区有约占全世界4.5万余种0.46%的脊椎动物209种，其中哺乳动物25种，鸟类94种，爬行类35种，两栖类18种，鱼类37种，昆虫816种。

特有的物种如新宁毛茛和崀山唇柱苣苔，是刚发现不久的新物种，这两个品种仅分布在崀山范围内，且只生长在丹霞山体的石壁上，其他生存条件下无分布，是一种典型的生境狭窄特有现象。

崀山被子植物中存在白垩纪和第三纪残留成分，是记录被子植物基部类群与昆虫等动物发生协同进化关系的特殊生境地区，对理解被子植物基部类群的多样性和进化具有重要意义。

崀山景区的漏斗、洼地都形成了一套自身独特的生态系统，如万景槽中的蝙蝠群、漏斗中的茂密森林等现象世所罕有，极具个性。

崀山丹霞以层叠成列的"楔状地貌"和突起其间的"寨峰地貌"为主，景区内地质结构奇特，山、水、林、洞要素齐全，是典型的丹霞峰林地貌，在国内风景区中独树一帜。

大自然是一位雕刻大师，红色砂砾岩是雕刻的石料，新构造运动的上升是提升石料便于雕刻的升降机，节理裂隙和层理是下刀的纹路。雕刻大师通过几千万年精雕细刻，推向人间的是一座美妙绝伦的艺术品。在内外力共同作用下造就了崀山绝伦的丹霞景观。

从美学价值的角度来看，崀山丹霞是我国南方湿润区丹霞地貌中，以紧密窄谷型壮年早期高大峰丛峰林地貌为特色的典型区域。

造景地貌均以"丹崖赤壁"为基调，是一宗具有群体结构的丹霞系列地貌的荟萃。

从岩层初期的雕塑分割到蚀余形态，展示了整个地貌形成、发展和演变的过程。其造型、色彩和气质达到最佳组合境界，衬托出其气势磅礴和厚重雄浑的高贵品质，素有"中国国画灵感之源"的美誉。

崀山丹霞中的八角寨、牛鼻寨、红华寨等以造型绝险粗犷为特色，负向地貌以造型俊俏精工为特色，繁简互补、刚柔相济，既丰富又单纯，既活泼又有序，造成多样统一和谐而有节奏的韵律感。

崀山丹霞地貌的固有姿态和固有色彩，在环境条件的变化配置与烘托下，往往可由静态转变为动态，由单调转变为多样化。

扶夷江水碧蓝清透，蜿蜒而过，随着四季的变化，冷色与暖色、澄澈与鲜明相互辉映，形成了丹霞地貌色彩美的鲜明个性和罕见的自然地带美。

崀山丹霞保留了沿袭几千年的农耕活动，成片的稻田随四季变化而呈现出春绿秋黄的田园风光。青瓦白墙、小桥流水的古式民居依山而建，古堡、山寨、寺院隐没山中。丹崖、青山、遗址、农舍巧妙地结合，辉映成趣，相互衬托出一幅完整的自然画卷。

从科学价值的角度来看，崀山位于扬子板块与华南板块交接地带和我国地势第二、三级阶梯的过渡地带，这里的资新红层盆地形成于白垩纪时期，丹霞地貌成型于新近纪晚期及第四纪时期。

从白垩纪到第四纪，由于我国大陆受印度板块及太平洋板块的双重挤压，地壳的抬升运动异常强烈，尤其是被称为世界屋脊的青藏高原的隆起对我国的大气环流及地势分布格局具有重要的作用。

崀山丹霞地貌正是在这一特定的地质时期内，在一定的地壳运动方式及特定的区域环境、气候环境发生转变的条件下，形成的一种特殊生态环境变迁的标志性岩石地貌。

崀山丹霞地貌及其气候、生物群落演变过程，具体地表证了我国东南地区1亿多年来的地壳演化过程和古环境演变，足以代表东亚南部白垩纪以来的地球演化历史，是地球演化历史主要阶段的杰出范例。

崀山丹霞地貌是我国东南湿润地区壮年早期峰丛峰林丹霞地貌的典型代表，在所有的丹霞地区中具有典型的代表性和罕见性，对丹霞地貌的深入研究，能丰富、发展和完善丹霞地貌的理论体系。

崀山丹霞地貌中喀斯特现象明显，以漏斗、洼地、落水洞、洞穴与洞穴碳酸钙沉积景观为标准的丹霞喀斯特地貌景观和地貌演化过程，是不多见的地貌事例，具有高度的对比意义和特殊的地学研究价值。

从生态学价值的角度来看，崀山位于中亚热带湿润季风气候区，它发育和保存了典型的常绿阔叶林，在孤立丹霞山体的顶部和山脊保存着原始常绿阔叶林，在崖壁保存有春夏生长而秋冬休眠的和春夏休眠而秋冬生长的植物。

有机组合的草本植被生态系统和附壁藤本生态系统，保存有表现生境狭窄特有现象的崀山特有物种，是丹霞植被谱系演替和丹霞"生态孤岛"的模式区域。

崀山丹霞是亚热带东部湿润区常绿阔叶林的精华所在地，古老的生物类群和珍稀濒危物种最为集中，植被的"生态孤岛"现象和生境狭窄特有现象也最为突出，是丹霞植物群落演替系列阶段最为完整的地区，是记录被子植物基部类群与动物、昆虫发生协同进化关系的特殊生境区，也是丹霞生物多样性综合研究的极好模式和试验地。

崀山丹霞是我国科学价值和遗产价值兼具的特有地貌，它的开发和保护，必将为地质科学的发展作出巨大的贡献。古往今来，许多文人墨客曾在这里写下了不少脍炙人口的华章诗赋，著名诗人艾青也发出了"桂林山水甲天下，崀山山水赛桂林"的咏叹。

知识点滴

崀山丹霞中的"鲸鱼闹海"是崀山风景名胜的精华，一直都有"崀山风光，丹霞之魂"的美称。

"鲸鱼闹海"是崀山的制高点，站在顶处远眺，方圆40多平方千米的单斜式石林如五彩霞云，每逢雨后清晨，云雾铺壑，飞云走雾，时而云雾飞舞，时而祥云安然，石峰露出峰尖在云雾中跳跃，景观奇特无比，故名"鲸鱼闹海"。

站在顶上朝阳斜射，还可见神秘的佛光，有如身临海市蜃楼。北面则秀峰参差，植被繁茂，犹如一幅水墨山水画，景色之佳，迷人欲醉，更加衬托出了"鲸鱼闹海"的美丽场景。

广东丹霞山的红石世界

在距今1亿年至7000万年的中生代晚期至新生代早期，是地壳运动最强烈的时代，南岭山地强烈隆起，丹霞山一带相对下陷，形成一个山间湖泊。

这时，四周的溪流雨水年复一年地将泥沙碎石冲入湖盆，在高温之下，泥沙中的铁在沉积中变成了三氧化二铁。在高压之下，又凝结成红色的沉积砂岩。

到了5000万年左右，又一次的地壳运动将丹霞这个湖盆抬升，湖底变成了陆地。在陆地继续抬升的过程中，岩体大量断裂，加上锦江及其支流的切割，风霜雨雪的侵蚀，坚硬的粗石砾岩与松软的粉沙砂岩出现程度不同的分化和崩塌，松软的砂岩层形成了水平槽、燕岩、书堂岩、一线天、幽洞通天等。

那些坚硬的砾岩则突出成为悬崖、石墙、石堡和石柱，如巴寨、茶壶峰、阳元石、望夫石、丹梯铁索等。千奇百怪、诡异万状的"丹霞地貌"，就在这大自然鬼斧神工的雕琢中形成了规模。

因其山石是由红色砂砾构成，所以人们命名为丹霞山。丹霞山由红色砂砾岩构成，以赤壁丹崖为特色，是发育最典型，类型最齐全，造型最丰富，风景最优美的丹霞地貌集中分布区，被称之为"中国红石公园"。

丹霞山主峰海拔409米，与众多的名山相比，并不是很高，也不是很大，但它集黄山之奇、华山之险、桂林之秀于一身，具有一险、二奇、三美的特点。

丹霞山的岩石含有钙质、氢氧化铁和少量石膏，呈红色，是红色

砂岩地形的代表，为典型的丹霞地貌。沿层次可以划分为上、中、下三层以及锦江风景区、翔龙湖和被誉"为天下第一奇景"的阳元山风景区。

丹霞山的上层是三峰耸峙，中层以别传寺为主体，下层以锦石岩为中心。上层有长老峰、海螺峰、宝珠峰，阳元山和阴元山。

长老峰上建有一座两层的"御风亭"，是观日出的好地方。在亭上可看到周围的僧帽峰、望郎归、蜡烛峰、玉女拦江、云海等胜景。

海螺峰顶有"螺顶浮屠"，附近有许多相思树。下有海螺岩、大明岩、雪岩、晚秀岩、返照岩、草悬岩等岩洞。宝珠峰有虹桥拥翠、舵石朝曦、龙王泉等。

下层主要有锦岩洞天胜景。在天然岩洞内有观音殿，大雄宝殿，在洞中，还可看到马尾泉，鲤鱼跳龙门等风景。

这里有一块很著名的"龙鳞片石"，随四季的更换而变换颜色。下层景区要钻隧道、穿石隙，较为刺激。

丹霞山下有一条清澈的锦江，环绕于峰林之间，沿江两岸上分布有大量的摩崖石刻。

另外，丹霞山还有佛教别传禅寺以及80多处石窟寺遗址，历代文人墨客在这里留下了许多传奇故事、诗词和摩崖石刻，具有极大的历史文化价值。

丹霞山在地层、构造、地貌表现、发育过程、营力作用以及自然环境、生态演化等方面的研究，在全国的丹霞地貌区中是最为详细和深入的，向来都是丹霞地貌的研究基地以及科普教育和教学基地。

丹霞山地貌几乎包含了亚热带湿润区所有的种类，群峰如林，疏密相生，高下参差，错落有序。山间的高峡幽谷，古木葱郁，淡雅清静，风尘不染。锦江秀水纵贯南北，沿途丹山碧水，竹树婆娑，满江风物，一脉柔情。

丹霞山的主要地貌包括丹霞崖壁、丹霞方山、丹霞石峰、丹霞单

面山、丹霞石墙、丹霞石柱、丹霞丘陵、丹霞孤峰、丹霞孤石、崩积堆和崩积巨石等类型。

丹霞山主要地貌中的丹霞崖壁也就是赤壁丹崖，它是丹霞山最具有特色的景观。大尺度的如锦石岩大崖壁和韶石顶大崖壁，高均超过200米，长度超过2千米，成为天然的地层剖面。

发育在软硬相间的近水平岩层上的陡崖坡，岩性的差异造成风化与剥蚀的差异，往往发育成层状陡崖坡，如海螺峰东、西两坡等。

丹霞山主要地貌中的丹霞方山，也称石堡，山顶平缓，四壁陡立，最著名的是丹霞山主峰巴寨大石堡，海拔618米，长约500米，宽近300米，高200多米，是一处典型的发育到老年阶段后又被抬升的高位孤峰。

丹霞山各景区都有大型丹霞石墙分布，最壮观的是阳元山八面大石墙构成的群象出山景观，大小不等，高低不同的石墙构成了一个富有动感的大象家族走向锦江的景象。

丹霞山的孤立石柱千姿百态，在各大景区均有分布，以丹霞景区最多。其中造型最奇特者为阳元石，而蜡烛石相对高度达35米，但基部最细的部分直径不足5米，是最细长的丹霞石柱，高度和直径的比例是7比1。

观音石从与观音山分离处算起相对高度达143米，是相对高度最大的石柱，而茶壶峰的周围则被5个高达50米至100米的石柱环绕。

丹霞山的其他地貌构成了一个完整的系统，有丹霞沟谷、顺层岩槽、丹霞洞穴、丹霞穿洞、丹霞石拱和丹霞壶穴等。

丹霞沟谷包括了宽谷、深切曲流、峡谷、巷谷和线谷等。流经丹霞山区的主河道如锦江和浈江河谷多宽谷，顺构造破碎带和继承原始洼地下切而成。局部仍然保持曲流下切，形成峡谷状的深切曲流。

丹霞山最长、最深的巷谷为韶石顶巷谷，深约200米，长约800米，

是发现的最大的丹霞巷谷。

最奇特的巷谷是姐妹峰巷谷群，十余条巷谷纵横交织，把个山块切割的支离破碎，大部分巷谷直接连接，部分在底部由穿洞连接，状若迷宫，内部有崩塌、错落、洞穴、钟乳石，还有古山寨及古人生活遗迹等。

丹霞山的穿洞、石拱和天生桥是一大特色，已发现的多种成因的穿洞与石拱达60多处。

丹霞山的每个基岩河床上，水流携带卵石做旋转运动，磨深凹下之处，均发育了口小肚大的壶穴群，扩大加深可形成深潭。飞花水瀑布上游基岩河谷，发育了串珠状的壶穴群。

丹霞山峰窝状洞穴是该类微地貌的命名模式地，在丹霞山已发现多处。以锦石岩洞穴内的龙鳞片石最为典型，在洞壁砂岩层表面，形成宽约一米并横过整个后壁的小型蜂窝状洞穴带。

另外，丹霞山群具有丰富的地貌组合类型，总体上构成了簇群式丹霞峰林峰丛典型区。

丹霞地貌以造型丰富而著称，丹霞山更是山奇、石奇、洞奇、沟谷也奇，奇得让人不敢相信是自然的造化，其中阳元石被称为"天下第一奇石"。它和阴元石、双乳石则构成"三大风流石"组合。因此阳元石、龙鳞石、观音石和望夫石被称为"丹霞四绝",因阳元石、阴元石像逼真的男女生殖器,所以丹霞山又被称为"天然裸体公园"。

丹霞山以典型丹霞地貌为主体的连片的自然区域,保持了丹霞地貌和森林生态系统的完整性以及珍稀濒危物种生态环境的完整性。

锦江和浈江沿途丹山碧水相映,构成秀美的山水景观,是亚热带常绿阔叶林保存最好的地方之一,红色山群宛如绿色海洋中的一颗颗红宝石,它们构成了丹霞山极具美学价值的景观系统。

从形式美学来看,丹霞山具有丰富多彩的山石形态美,疏密相生、组合有序的山群空间结构美,高下参差、错落有致的山块韵律美,丹山、碧水、绿树、蓝天、白云一起组成的色彩美。

从意境美学来看,赤壁丹崖的崇高与险峻,造型地貌的神奇与精绝,山水田园的雅秀与恬淡,沟谷茂林的幽深与清静,云遮雾障的奥妙与奇幻,使丹霞山获得"非人间"的自然意境美,"世界丹霞第一山"的称号受之无愧。

丹霞地貌是大陆性地壳,发育到一定的阶段后出现的特殊地貌类型,丹霞盆地发育在具有晚元古代基底的华南板块南岭褶皱系中央部位,是南岭褶

皱系区域地壳演化的缩影。

　　反映了华南地壳由活动区转变为稳定区，并再度活化的特定演化历程，具有突出普遍的地球科学价值，对于构建我国丹霞整体演化系列具有不可替代的作用。

　　丹霞盆地在白垩纪中期大规模沉降之前的双峰式火山活动，反映了板块边缘消减带深部作用对大陆内部岩浆活动的影响，显示了板块内部活化的特殊底辟式弧后裂陷盆地模式，与边缘弧后拉张盆地和大陆裂谷盆地有着巨大的差异。

　　丹霞山总体上处于地貌发育的壮年期阶段，但具有地貌发育的多期性，新近纪以来盆地的多期差异抬升，使得盆地保留了不同演化阶段的地貌。

　　丹霞盆地仍然处在继续抬升的状态下，进行中的地质地貌过程表现得非常清晰，是丹霞地貌演化的现场博物馆。

丹霞山是湿润区丹霞地貌的精华和代表，包含了湿润区低海拔丹霞的所有主要类型和重要特征，发育其上的丹霞生态系统和物种多样性，构成了这类地貌区独特的自然地理特征和卓越的自然品质。

从生物生态学的价值来看，丹霞山基本上保持了自然生态环境的独立性和完整性，孕育出了特有的陆地生态系统、特有的生物多样性和特有的物种，是大量珍稀濒危物种的栖息地和晚近地质时期生态演替的典型区。

丹霞山的热带物种成分多，其中的沟谷雨林特征最为突出。山区小生境复杂，导致生物群出现了剧烈的空间分异，是丹霞地貌生态分

异、丹霞生物谱系、丹霞"孤岛效应"与"热岛效应"研究的模式地，为生态系统的多样性与物种多样性相互关系的研究提供了十分珍贵的对比资料，具有重要的生态系统管理研究价值。

丹霞山是处于壮年中晚期、簇群式的丹霞地貌，表现为山块离散、群峰成林、高峡幽谷、变化万千，被评为"中国最美的丹霞"。

知识点滴

很久以前，南海有个天帝叫"倏"，北海有个天帝叫"忽"，中央的天帝叫"混沌"。"倏"和"忽"常到"混沌"那里去做客，"混沌"招待他们非常周到。

后来，"倏""忽"二帝想报答"混沌"的恩德，就商量着给模糊一片的"混沌"脸面也凿出眼耳口鼻七窍来。想不到一番斧凿之后，倏忽之间，"混沌"便呜呼哀哉死去了，中央这块皇天后土也便五彩缤纷有了眉目，有了高低错落与山河洞穴，宇宙世界也因之诞生了！

而丹霞山正是"混沌天帝"的头面部分，是"倏""忽"着意雕琢的重点部位，因此，从风采颜色到各种物态造型样样齐全。丹霞山拥有如此奇伟的地貌和瑰丽的风光，就是在"倏""忽"二帝的刀凿之下形成的。

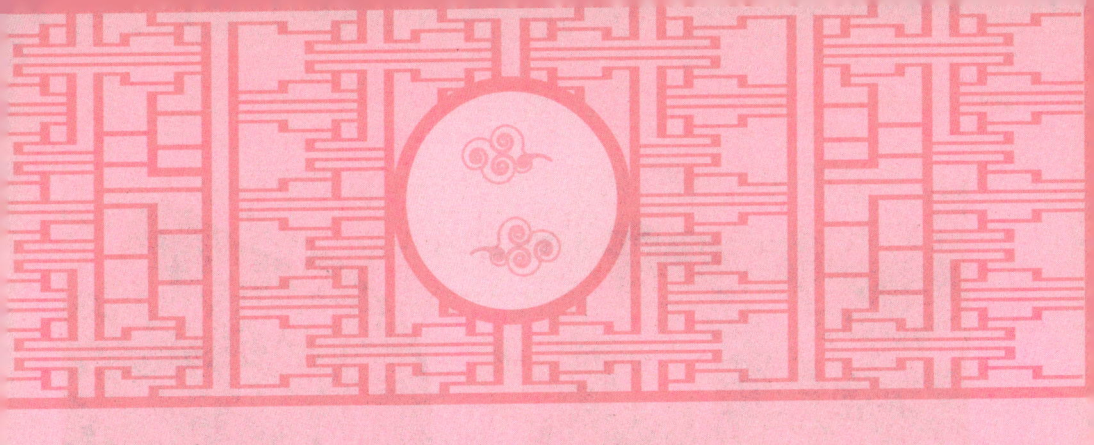

江西龙虎山的丹霞绝景

东汉中叶，正一道的创始人张道陵在江西鹰潭龙虎山炼丹，传说"丹成而龙虎现，山因得名"。

龙虎山丹霞面积200平方千米，是我国丹霞地貌发育程度最好的地区之一，也是我国壮年晚期丹霞地貌的典型地区。它的美妙在于其山水和其崖墓群构成了"一条涧水琉璃合，万叠云山紫翠堆"的奇丽景象。

龙虎山丹霞所处的江西省东北部，是信江中生代红色盆地，位于扬子古板块与华夏古板块结合带的东段，南靠武

夷山隆起带，北临信江河谷。信江盆地上的白垩统河口组和塘边组是丹霞地貌发育的物质基础。

信江河谷两侧主要为准平原化的低丘岗地，零星残留着孤峰或孤石，只有龙虎山和龟峰等地保存着峰丛、峰林、孤峰、残丘等地貌组合，像两大盆景屹立于准平原化的信江盆地南缘。

龙虎山丹霞地貌总体地势南高北低，海拔多在300米以下。其中丹霞地貌区最高峰是龟峰的排刀石，海拔401米，最低点48米，最大相对高度353米。

龙虎山丹霞地貌类型典型多样，分布集中，具有很高的科学价值和审美旅游观赏价值。区内丹霞地貌成因类型大致有水流冲刷侵蚀型，这是最主要的方式，景观代表有一线天、陡崖、嶂谷等；有崩塌残余型，以象鼻山、仙桃石为典型代表；有崩塌堆积型，以莲花石、玉梳石为典型代表；有溶蚀风化型，以丹勺岩、仙女岩、仙人足迹为典型代表；有溶蚀风化崩塌型，以仙姑庵最为典型。

在形态上，龙虎山丹霞有石寨、石墙、石梁、石崖、石柱、石峰、峰丛、峰林、一线天、单面山、猪背山、蜂窝状洞穴、竖状洞穴、天生桥、石门等，并有各种拟人似物优美绝伦的造型地貌。

源远流长的道教文化、独具特色的碧水丹山和千古未解的崖墓群之谜构成了龙虎山风景旅游区自然景观和人文景观的"三绝"。

龙虎山丹霞分为仙水岩、龙虎山、上清宫、应天山、鬼谷洞5个景区，景区之间以泸溪河为纽带，呈串珠式分布。由红色砂砾岩构成的龙虎山共有99峰、24岩、108处自然及人文景观，奇峰秀出，千姿百态。主峰海拔247米，秀美多姿。

景区内的丹霞地貌类型多样，较为集中地分布于龙虎山和仙水岩景区，面积约40平方千米。分布上由南到北，地形上由高到低，景观由密到疏。

流经景区的泸溪河长43千米，似一条蜿蜒的玉带，由东南至西北

将两岸的丹崖地貌景观巧妙地串联起来，山立水边，水绕山转，山水交融，相互映衬。

从龙虎山山麓沿泸溪河乘竹筏西行，在3.5千米之内就分布有100多座山峰，其中最著名的就是被称为"仙水岩"的24座山峰。

这里的清溪绕山蜿蜒、奇峰横卧碧波，四野景色美不胜收，有"小漓江"之称。两岸的岩石千奇百怪、气象万千，特别是著名的"十不得"岩石景观，惟妙惟肖、妙趣横生。

龙虎山的仙水岩地区，岩洞密布，向阳、避风、干燥、险要，为崖墓葬的形成提供了优越的条件。

龙虎山的崖墓数以百计，大都镶嵌在距水面35米至50米的悬崖峭壁之上，远远看去高低不等，大小不一，随着洞穴的变化而变化，整个崖墓群如同一幅巨大的画卷，形成了奇特的景观。

崖墓群"悬棺"的棺木大都使用巨大整段的楠木刳制而成，大小

不一，形式迥异。有巨大的可容葬十余人的"船棺"，有造型如古屋的"屋脊棺"，有圆筒独木的"独舟棺"，也有"方棺"，还有微型的"二次葬"用的"骨灰盒"。

龙虎山崖墓群是我国最早的崖墓群，是我国崖墓的发源地，被誉为"天然考古博物馆"，堪称世界一绝。除分布最集中的仙水岩外，马祖岩、金龙峰及周围地区也有零星的分布。

龙虎山是我国道教发祥地，道教正一派"祖庭"，位居道教名山之首，被誉为道教第一仙境。上清宫和嗣汉天师府得到历代王朝多次赐银，进行了多次扩建和维修，宫府的建筑面积、规模、布局、数量、规格创道教建筑史之最。

据记载，龙虎山在鼎盛时期共建有道观80余座，道院36座，道宫数个，是名副其实的"道都"。

龙虎山的应天山象山书院还是我国古代哲学中"顿悟心学"派的发源地，金龙峰马祖岩是禅宗史上贡献最大的禅师之一的马祖道早期参禅悟道的场所。有道是"山不在高，有仙则名"，浓厚的道教文化氛围无疑又为龙虎山添上了浓墨重彩的一笔。

龙虎山丹霞包含了我国亚热带湿润区丹霞单体与群体的重要形态类型。几乎涵盖了亚热带湿润区的所有种类，包括丹霞崖壁、石寨、石墙、石峰、石柱和丹霞洞穴、丹霞沟谷及奇绝罕见的象形丹霞等，其形成过程和阶段的证据保存良好。

龙虎山的丹霞群体形态类型以侵蚀残余的平顶型和圆顶型峰丛、峰林与孤峰残丘并存为特色，是疏散型丹霞峰林地貌的模式地。

其中，龙虎山泸溪河近岸带和龟峰以峰林型丹霞地貌为特点，排衙峰以峰丛型丹霞地貌为标志，马祖岩、南岩以孤峰型和丘陵型丹霞地貌为特色。

知识点滴

龙虎山有202座悬棺群，抖落尘封千年的黄土，时与空变得茫然交离，宇与宙显得幽深玄迷。专家认为，龙虎山的崖墓悬棺群，已经有近3000年的历史了，是古越人所葬。

这些崖墓群镶嵌在陡峭的石壁上，犹如陈列在巨大的历史长廊中的文化珍品。岩洞棋布，高低错落，不可胜数，遥望绝壁之上历经千年的淡黄色的棺木崖穴，令人心生喟叹。

龙虎山崖墓下临深渊，地处绝壁，那么古越人是如何将棺木放入洞内？崖墓里葬的又是什么身份的人？古越人为何采用绝壁洞穴墓葬？重重悬疑背后，到底隐藏着一种什么样的文明形态？

千百年来，这些疑问一直都没有被解开，为龙虎山崖墓蒙上了更深一层的神秘色彩，众多的专家学者为它皓首穷经，欲解其谜。

猪八戒督造的龟峰丹霞

　　传说在很久以前，江西上饶的信江南岸是水乡泽国，因猪八戒触犯天规，被玉帝贬下凡尘，后来猪八戒投靠东海龙王敖广之后，为了感谢龙王，猪八戒就奉命督造水底别墅，建成了"龟峰别墅"。

后来，猪八戒出主意，请西海龙王敖闰前来参观，东海龙王和西海龙王兄弟之间存在很深的矛盾，向来不和。于是，在宴席上的西海龙王心生歹意，就想夺龟峰别墅占为己有，他们借酒斗棋，以赌龟峰别墅归属。

东海龙王不知是计，欣然应允，没想到西海龙王耍诈，赢了东海龙王。东海龙王气愤不已，当即推翻之前的赌注。就这样，敖广和敖闰又结下新仇，并且双方之间的战事不断。

战败的东海龙王一气之下，施法吸干了海水，使龙宫露出地面，在战争中战死的龟兵龟将幻化成石。从远处观望，整个龙宫就像一只硕大无比的昂首巨龟，无山不龟，无石不龟，所以得名为龟峰，向来都有"江上龟峰天下稀"的美誉。

据说，在明正德年间，弋阳人大理寺少卿李奎，看见龟峰如圭璋、圭璧，为了避"龟"俗之嫌，龟峰曾一度更名为圭峰。

事实上，龟峰丹霞发育于距今1.35亿年的白垩纪晚期，属于典型的丹霞地貌。由红色砂岩经过地壳上升运动而形成，是我国东南地区典型的丘陵地貌。

龟峰风景优美，奇峰如画，这里山峦峻峭，峰岩秀逸，怪石嶙峋，岩洞幽奇。云海层层，雾涛翻滚，朝阳似火，晚霞溢金。苍松挺拔,翠竹亭亭,草木葱茏,四季花香。

林间珍禽和鸣,山涧怪兽出没。清泉细无声,雨花来无际。真可谓三十六峰,峰峰奇特,八大景观,景景壮观。其造型玲珑别致,形象生动逼真,峰石千姿百态,如人、如物、如禽、如兽。明代著名的地理学家、旅游家徐霞客在《徐霞客游记》中写道:

盖龟峰峦嶂之奇,雁荡所无。

龟峰有"绝世三奇",即独步天下的龟形丹山之奇,天造地设的洞穴佛龛之奇和千古流芳的仁人志士之奇,集"绿色""古色"和"红色"旅游为一体。

"绿色"是以龟峰为代表的自然风景观光区,森林覆盖率达到80%,有国家级森林公园和"三十六峰八大景"。"古色"是以南岩寺

为代表的宗教文化区，有唐宋时期佛雕40余座，是佛教禅宗的发祥地之一，而且历史上这里儒、佛、道三教融合。

龟峰园区丹霞地貌景观类型齐全，以石墙、石梁、石柱、石崖、峰丛、嶂谷、单面山、猪背山、造型石、扁平洞、蜂窝状洞穴等地貌类型最为壮观。

区内奇峰异石随处可见，流泉飞瀑悬空而挂，丹崖赤壁倒映在碧波荡漾的清水湖中，加上厚重的历史文化背景，更增添了龟峰的无限色彩。

龟峰丹霞的石峰数量众多，其特征为四周陡峻，顶部较尖而浑圆，基座较大。大多处在多组节理的控制之下，经流水沿节理面或裂隙长期冲刷和侵蚀，加上重力、崩塌等作用形成。

龟峰内的金钟峰、文豪峰、仙桃石、僧尼峰、金龙峰、螺丝峰、大佛峰等都是十分典型的丹霞石峰。

龟峰丹霞的山崖种类多，分布广泛，几乎山山有崖。石崖类型多样，有的平如斧劈，有的凹凸有致，有的曲直有序，有的怪异奇特，有的小巧玲珑，有的雄伟壮观，有的俯视深不可测，有的仰观高耸入云，有的飞雨满天，绚丽多姿，其中的天女散花大赤壁为赤壁丹崖的典型代表。

龟峰丹霞的石柱形状多，呈柱状、棒状或宝塔状的丹霞山峰，其高度远大于断面直径，四周为丹崖，围成孤立状。区内的石柱数量虽然不多，但是却有极高的观赏价值和艺术价值，这些石柱中以雄霸天下最为著名。当立于石柱下仰望，只见一柱冲天而起，蓝天白云之下具有永不言败之势，给人以力量和自信，美不胜收。

龟峰丹霞的地貌形态多样，石墙、石梁为长条状、线状地貌形态，山体顶部窄而小，四周皆为陡直的丹崖所限，当岩壁陡立平整呈墙状时称为石墙，当山体呈屋梁状时称为石梁。

在众多的景观中，骆驼峰最具特色。骆驼峰既是走向峰顶的石梁，又是石墙。其两侧为悬崖绝壁，长约1千米，宽约25米，海拔高362.6米。横切骆驼峰的垂直节理使顶部呈波状起伏犹如驼峰，十分宏伟壮观。

骆驼峰以险峻、峭拔、雄伟、象形称雄整个龟峰。在通往骆驼峰极顶的主道上有七道天险：

一是鲫鱼背，东面是万丈绝壁，西面是千丈悬崖。

二是登云梯，此梯上下悬空架在绝壁上，是登骆驼峰的唯一通道。

三是"一线天",一线天比"天然三叠"处的一线天险峻数倍。

四是飓风峡,走过一线天,来到飓风峡,此处"山高月小","狂风如电",虽然风光无限,却令人胆战。

五是"壁虎崖",这是骆驼峰极顶的最后一道难关,能通过的人少之又少,所谓"壁虎崖",就是说无壁虎游墙绝技,莫想上得去。

六是断魂沟,上得骆驼峰,过不了这个天然裂缝,也难窥见骆驼峰极顶的无边秀色。

七是决胜坡,此处倾斜度达45度,要想看到整个龟峰及其周围七八个县市甚至更远处的绝景,必须小心谨慎。

古人常说：

无胆莫上骆驼峰，上得驼峰真英雄。

　　龟峰的丹霞洞穴主要有两种，一种是蜂窝状洞穴，另一种为扁平洞。蜂窝状洞穴在龟峰较为常见，且多发育在崖壁上，以展旗峰和朝帽峰崖壁上的洞穴最为突出。其形状多为长条形，长轴常与岩层的走向一致。这些大小不等，深浅各异的洞穴顺层密集分布，宛如蜂窝，形成壮观的景象。

　　扁平洞主要出现在南岩，不仅数量多，而且规模宏大。这些洞穴大都外宽内窄，洞壁较为光滑，多出现在山壁的凹面，为水流侵蚀的

结果。在南岩发育的大小洞穴有28处之多,其中最大的南岩寺洞穴长30米,宽70米,高30米,可容纳千余人。

龟峰丹霞具有单面山的特点,龟峰丹霞的单面山沿岩层走向延伸,两坡不对称,沿岩层倾向的坡长而缓,与岩层倾向相反或者与层面接近于垂直的坡面陡而短。

区内发育的单面山数量众多,展旗峰、好汉坡都是其中著名的景点。登上骆驼峰峰顶时,放眼望去,在景区的四周低矮丘陵大多数都为单面山,犹以北部和西南部为多。大大小小的单面山形似一个个乌龟,它们有的在匍匐,有的在徜徉,惟妙惟肖,目不暇接。

龟峰丹霞的嶂谷壁坡陡直,深度远大于宽度的谷地。一般谷深远远大于谷宽,两侧谷壁垂直或同斜,谷底平坦或起伏,据其形状可以分为"V"型和"U"型。

当障谷将山体切穿时称为一线天，尚未切穿时称为巷谷。区内发育有多处一线天，其中以骆驼峰一线天最为壮观，全长111米，最高处约33.4米。立足于入口，感觉有如一把利剑将山体劈开，不禁由衷赞叹大自然的鬼斧神工。

龟峰丹霞的龟裂纹是沿层面发育的由近正多边形拼接而成形似龟背的一种收缩节理构造，反映了较为炎热干燥的古气候条件。

据有关地质学家考察，这类丹霞地貌在我国并不多见。而在龟峰，这类型的岩石不但数量多，而且发育完好，特征明显。多个龟裂纹组合排列在一起形成的龟背石，不但具有很高的审美价值，而且具

有很高的科研价值。

龟峰丹霞的造型石是以其独特的造型博得世人青睐的一种特殊丹霞地貌类型，它可以是石峰、石柱，也可以是其他任何一种或多种地貌类型的组合，老人峰、伟人峰、三叠龟等都属于造型石。

这些造型石有的神态肃穆，形如老人，有的生动活泼，形如动物，个个惟妙惟肖，别有情趣。龟峰的老人峰，不但形态极为逼真，而且在不同的观察角度其形态各不相同，具有极高的观赏价值和艺术价值。

龟峰丹霞地貌是由大自然的神工鬼斧造就，它的普世价值在于能够为人们研究和发展地质科学提供第一流的实物样品，而且这些样品每件都弥足珍贵。

知识点滴

八戒峰是龟峰中的一座山峰，呈三角状，同二郎峰和海螺峰相邻。峰上有一高数十米的奇石，奇石掩在一个小山包之后，伸出头颅，就像猪八戒一样，惟妙惟肖，憨态可掬，令人捧腹。

相传东北龙宫美女如云，好色的猪八戒劣性未泯，经常偷偷溜到龙宫偷看并调戏美女，没想到被宫女发现，弄得自己是进退两难，尴尬异常。

虽然这只是个传说，但是八戒峰逼真的造型、可掬可描的情态，不得不让人惊叹大自然的造化之功。

土林奇观

土林是土状堆积物塑造的、成群的柱状地形,因远望如林而得名,是在干热气候和地面相对抬升的环境下,经暴雨径流的强烈侵蚀、切割地表深厚的松散碎屑沉积物所形成的分割破碎的地形。

又因沉积物顶部有铁质风化壳,或夹铁质、钙质胶结沙砾层,对下部土层起保护伞作用,加上沉积物垂直节理发育,使凸起的残留体侧坡保持陡直。

土林一般出现在盆地或谷地内,主要分布于不同时代的高阶地上,是不同时期形成的,反映了古地理变迁和地貌发育过程。

云南元谋孕育的土林之冠

　　土林是流水侵蚀的一种特殊地貌形态,它是特殊的岩性组合,在构造运动、气候、新构造运动频繁,地壳抬升速率快,流水侵蚀力强等综合因素的作用下相互影响而形成的。

　　在150万年前的第四纪早期,元谋地区河流纵横,湖泊密布,森林茂密、动物繁多、气候温和,食物丰盛,是人类先祖元谋人的生活乐园。

　　星移斗转,原始生态发生变化,河流带来的大量泥、沙、砾石填没了湖泊,摧毁了森林和远古部

落，埋葬了部分古人类、动植物和古文化遗址。

之后，新构造运动使平缓的河湖相地层隆起成为丘陵和山冈，并在局部逐渐发育了铁质风化壳和透镜状胶结构物质。此时的元谋，日照强烈，降雨集中，干湿雨季分明。

气候干燥与降雨量小是土林发育的重要条件，土林的稳定性非常差，因此，一般只在年降雨量小、降雨频率低、雨季短的地方拥有或遗存。

而元谋则正是处于气候干燥、降雨量少、雨季不长的时期，所以对土林的侵蚀量低，非常适合土林的生育发展和保护。

在炎炎的夏季，风雨特别是暴雨成为大自然无穷威力的雕刀，它们将有铁质风化壳遮挡和透镜状胶结构物质黏合的地层，慢慢雕刻成龙柱、宫殿、庙宇、城堡和人物鸟兽等形状，周边松散的堆积层则被流水冲刷、卷走，形成大小不等的冲沟。

年复一年，冲沟不断增加、延伸、扩大，使那些戴着黑铁"帽子"的沙土造型更加突出，终于成就了土筑的森林这一千古奇观，形成了罕见的元谋盆地土林群落。

因为受到地壳运动的影响，盆地两侧逐渐被掀起，地层向东倾斜，而土林又是半胶结的土体，成岩度较高，低角度倾斜的岩层为其稳定性提供了有利的条件，这是形成高大土林的又一重要原因。

元谋盆地在第四纪就发育了硅、铅、铁等化学物质组成的风化壳，而发育在土林的风化壳主要是中更新世红色铁质风化壳，褐红色，一般厚0.5米至1米。

土林所在的地貌部位是平缓的丘岗上部或高阶地上，当地壳抬升，河流下切，冲沟发育，形成了土屏、土柱，坚硬的风化壳则起到了对下部松软的土层的保护作用。

土林位于地下水之上的色气带中，根基牢实，较为稳定。而组成土林的半胶成岩度较高的土林对其自身稳定起着决定性作用，多层保护盖层增强了土柱的稳定性，降雨则是影响土林稳定的最主要外在因素。

土林的发育可以分为片蚀、纹沟、细沟阶段，切沟阶段，冲沟、侵蚀盆阶段，宽沟阶段和残丘夷平5个阶段。土林的类型按色彩分有红、黄、白、褐色共4种，按形态分有锥柱状、城堡状、峰丛状、城垣状、幔状和雪峰状等多种。

经过地质研究表明，元谋盆地土林至少发育形成过两次。一次是在60万年前的更新世老冲沟堆积以前形成，后被流水带来的泥、沙、砾石埋没，造成了更大的丘岗。

另一次是在15万年前的晚更新世新冲沟堆积以前形成。元谋土林总是在发育形成——埋没消亡——再发育形成的规律中无限循环。

土林形成所需要的时间大约在960年至6490年之间。最早形成于全新世的大西洋期，最晚形成于亚太西洋期，高大的土林是全新世亚北方期的产物。

新构造运动不仅提供流水侵蚀的势能，同时也控制了土林的发育走向。

由于元谋盆地新构造运动频繁，使半胶结的地层发育节理和小断层控制了土林发育的主沟，从而形成了区域性控制节理的虎跳滩土林、新华土林、班果土林等多处土林。而这三座土林也一起构成了元谋盆地土林群落中面积最大、景点最壮观、发育最典型、色彩最丰富的土林。

虎跳滩土林距元谋县城32千米，总面积6平方千米，已开发2.2平方千米，景区所在地的海拔在1千米至1.2千米之间，发育于一套河流相间砾石层、沙层夹黏土层的地层中。景区主要由一条主沙箐和34条幽谷组成，分为4个片区，有主景点9个，小景点127个。

土林分布密集，沿冲沟发育，形态多以城堡状、屏风状、帘状、柱状为主，土柱高低不一，错落有致，一般高度在5米至15米之间，最高达42.8米。

土柱形状各异，沟壑纵横，荒凉粗犷，密密簇簇，千峰比肩，四周绝壁环绕，两岸陡壁连延，层层土林，莽莽苍苍，何等苍状。其颜色有红色、黄色、白色、褐色等。

正是由于大自然的鬼斧神工和精心雕琢，造就了千奇百怪的沙雕泥塑和诡异迷离的地质地貌，构成了元谋土林这座令人神往的艺术殿堂。

1638年，也就是明崇祯帝朱由检执政期间，我国著名的旅行家、地理学家徐霞客游至云南元谋时，记述了土林的景色：

涉枯涧，乃蹑坡上。其坡突石，皆金沙烨烨，如云母堆叠，而黄映有光。时日色渐开，蹑其上，如身在祥云金粟中也。

新华土林距元谋县城40千米，海拔1.5千米至1.6千米，面积1.4平方千米，发育于湖相沉积的粉细沙层、黏土层夹少量的细砾石层中。土林高大密集，类型齐全，圆锥状土柱尤为发达，一般高3米至25米不等，最高达27米，居元谋土林单体土柱之冠。

新华土林在形状上有圆锥状、峰丛状、雪峰状、城垣状等多种形状。雪峰状土林规模较大，高达40米，在色彩上，顶部以紫红色为主，中上部为灰色，中下部以黄色为基调，其间夹有褐红、灰白、棕黄、灰黑、樱红等多色。

班果土林位于元谋县城西12千米的平田乡东南面，面积6.1平方千米，为元谋规模最大的土林，主沟长3.5千米，土柱主要分布于大沙箐及支沟两旁，主要形状以古堡状、城垣状、屏风状、柱状为主，因班果土林是老年期残丘阶段的代表，所以，土林高度一般在5米至15米左右，最高为16.8米。

由于土林发育地层岩性差异，导致色彩不同，但小单元土林色彩单一，有白色土林、褐红色土林、棕黄色土林和浅黄色土林，从整体上看，主要以黄色为主色调。

多年来，许多专家学者都曾到元谋盆地进行过大量的考证。他们发现，在元谋盆地发育土林的层位是一套巨厚层半胶结的河湖相地层。

元谋土林岩性为砾石层、砂层夹薄层黏土和亚黏土，岩层较厚，主要以石英岩、石英砂岩为主，铁质泥质胶结，胶结较紧密，具有较强的抗风能力和抗压强能力，这是形成高大土林及其稳定性较高的主要内在因素。

土林地貌具有较高的观赏价值、科学价值和历史文化价值。

就观赏价值来说，土林的优美度、奇特度、丰富度和有机组合度较好，在优美度方面自然造型美、自然风光美、自然变幻美。

在科学价值方面，土林是流水侵蚀的特殊地貌，是水土流失的艺术结晶。它虽然容易流失，但并非所有的水土流失都能形成土林，而

是在特殊的地质结构、土壤成分、构造运动、水文气候、地形植被等多种因素相互作用条件下方能形成。

因此，系统地研究土林这种特殊的演化、发展、消亡对防止水土流失有着重要的科学价值。

在历史文化价值方面，土林风景区内出土的大量动植物化石，周边众多的与土林有着密切联系的史前文化遗迹等一系列古生物、古人类、古文化，以及新石器、细石器、旧石器文化遗迹，无不展示了元谋盆地及元谋土林厚重的历史积淀和丰富的文化内涵。

元谋盆地和土林景观是以古人类演化遗迹、地质地貌遗迹为核心的地区，是供古人类、地理、地质、环境保护等学科开展科研的大型基地。

土林作为珍稀的自然遗产，应加以严格保护，为世界地质及生态

环境保护作出积极的贡献。因此，保护土林不仅是元谋的一项重大责任，而且也是我们所有人的共同责任。

知识点滴

　　土林中多所呈现出的景现，在不同的季节、不同的时间、不同的气候和不同的角度有着不同的韵味，属于"全天候"风景区。阳光下的土林造型硬朗、醒目、挺拔，一览无遗。雨雾中，土林则似显似露，若明若暗，如柔纱缠绕的少女，朦胧含蓄。冬季，土林温暖如春，气候宜人。夏天，景区炎热酷暑，如置身沙海荒漠。

　　加之土林的稳定性差，易于流失，一些土柱在这一年似鸡，第二年却可能似狗，三五年之后干脆消失得无影无踪，留下一堆白沙黄土，让人们追忆逝去的昨天。

　　这种罕见的变幻美、朦胧美充满了神秘感，激发了人们猎奇的心理，土林成为了"回头客"最多的风景区，在这里，人们品味着变幻，寻找着消亡，盼望着新生，把自己融入到无生命的土柱之中。

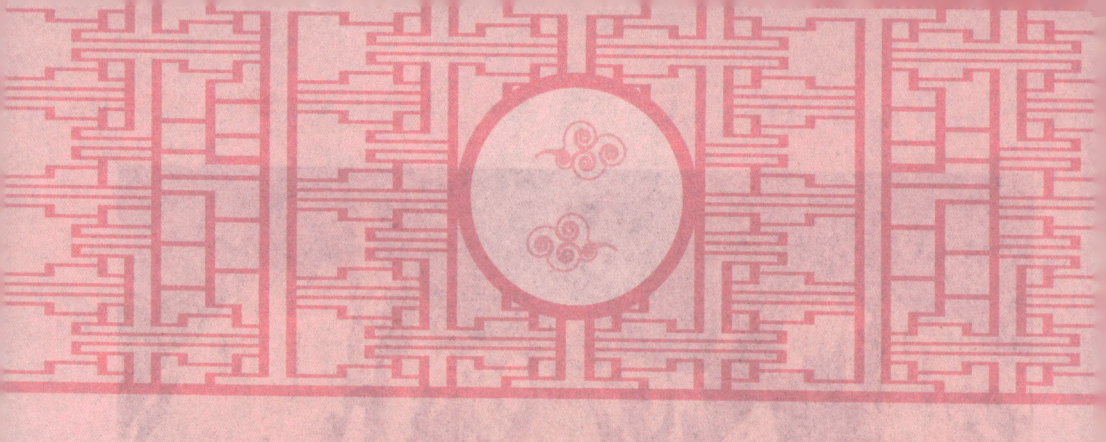

西昌堆积体上的黄联土林

黄联土林位于四川省凉山西昌，在安宁河左岸的谷坡地带，因山坡上的黄连树多而得名，是发育在一套冰水冻融泥石流堆积体之上的地貌景观。

黄联土林分布面积约1300平方米，海拔约1.5千米，气势宏大，造

型各异，有的酷似远古城堡，有的又如茫茫森林，有的似倚天长剑，有的如奔马仰天长啸，有的如熊猫憨态可掬，有的如群猴攀援嬉戏，有的如狮虎据力相争，使得原本就风光秀丽的土林趣味盎然。

西昌黄联土林是经过8000万年至1亿年的沧海桑田和岁月的风刮雨刷而形成的天然杰作，是四川独一无二的"自然雕塑博物馆"。

土林的形状如云南石林，质地却是黄色砂砾岩土。土林顶部的砂粒岩，系胶质钙结，不易被风化冲刺，故能长久挺立不垮塌，形成气势恢宏、奇特壮观的美景。

土林发育区中的堆积物质主要由安宁河谷左岸的泥石流堆积体组成，堆积物的成分主要是黄褐色的粉土和粉砂质黏土，中间夹杂有碎石土层，块碎石的粒径为2厘米至10厘米之间，呈棱角状或次棱角状的

砂岩碎块。

　　碎石土层的产状，是展现出来的泥石流堆积扇的产出状态，顺着沟谷向沟口方向呈扇形展布，倾角为6度左右。根据堆积体的物质成分，推测是冰水冻融泥石流。

　　堆积体呈半胶结状态，胶结类型为铁泥质胶结，中间间或夹杂有薄层的砾石层和碎石层，厚度约5厘米，呈透镜状，微倾下游，倾角小于8度。

　　堆积体顶部有灰黑色的盖层，称为风化壳，主要物质为硅铝铁质，这些物质较稳定，不易被淋溶，形成后强度较高，抗风化能力较强。

　　由于堆积体为半胶结状态，容易受到雨水的淋滤冲刷，同时由于顶部的盖层的保护作用，再加上土柱中间的碎石或砾石层起到了类似

"箍筋"的作用，保证了土柱的稳定性，这些都为土林的形成提供了重要的物质基础。

其实，在安宁河的河谷两岸，常常可见到这种山前泥石流堆积体，可是并不是所有的堆积体上都能发育成土林，或者发育的土林并不能达到像黄联关镇这里的土林规模。

这是因为土林的形成还与其地貌形态有关，由于堆积体地处斜坡至缓平台的过渡地带，这样的地段常常冲沟发育，沟谷切割较深，为地表水的淋滤作用提供了条件。

通过野外调查发现，在沟谷切割较浅的地方也可以见到土柱的发育，只是这些土柱规模很矮小，形态也很单一。因此不难发现土林的形成与发育与其所处的地貌部位与地貌形态也有着重要的关系。

黄联土林的形成是在该区域新构造运动的过程中完成的，在构造沉降阶段形成了安宁河河谷盆地，接受冰水冻融后形成泥石流以及冲

洪积物等物质沉积，形成地貌发育的物质基础。

然后是抬升，使得泥石流堆积体被切割形成各种形态的裂缝，形成了土林发育的地形地貌。当然，从另一方面来说，堆积体在沉积的过程中由于物理作用，土体在收缩的过程中也会形成泥裂等裂缝。

当新构造运动转入稳定期后，水流便对堆积体进行侵蚀与淋滤，为土林的形成提供了有利条件。同时，在黄联土林的发育过程中，也少不了伴随着的各种外动力作用，如流水作用、重力作用和物理风化作用等，其中流水作用是最重要的作用。

一方面，地表水流在地表侵蚀下切形成各种形态的沟谷，这些沟谷纵横交错，在原来的堆积体上就形成了土柱、土墙、土屏等地貌形态。另一方面，地表水的淋滤作用与其他的物理风化作用，形成了土林中千姿百态的景观。

土林形成之后，由于物质的特性，决定了土林的稳定性非常差，远不能与石林相比。土林的形成还与其环境气候有关。它需要气候干

燥，年降雨量不能过大，降雨频率低，总体上旱季长于雨季。

西昌黄联关镇地区属于亚热带高原季风气候，年平均日照时数2431小时，干湿季节分明，雨热同季，且旱季时间长，空气干燥，正好为土林的形成提供了良好的气候条件。这样的气候条件下形成的土林柱体较高大，不易被破坏，在气势上更壮观。

黄联土林占地270多公顷，其中包含40多公顷自然景观，配套石榴园26公顷，周边植树造林绿化形成森林面积200多公顷。

黄联土林的自然景观以沟壑断崖为界，从北向南自然分成三大板块。第一板块有观月狮、通天门、山中竹笋、峡关要道、氢弹爆炸、整装待发等。

第二板块有雄狮摇头、雌狮摆尾、八百罗汉、金箍棒、何仙姑、双蛙恋、观音菩萨、江山多娇等。

第三板块有蓝天顶峰、擎天玉柱、天山来客、阿诗玛、盘龙望日、夫妻柱、长二捆火箭、待发火箭、哈巴狗、销魂洞等。

这三大板块千姿百态、神形逼真、奇妙无穷，令人流连忘返。

知识点滴

四川省西昌螺髻山是黄联土林中的一个著名景观，是我国已知山地中罕见的保持完整的第四纪古冰川天然博物馆。

古冰川遗迹中的角峰、刃脊、围谷、冰斗、冰蚀洼地、冰蚀冰碛湖、冰坎、侧碛垄等古冰川风貌，具有很高的旅游、探险、科考等价值。

其中冰蚀冰碛湖最为壮观，螺髻山冰蚀冰碛湖分布于海拔3650米以上的各期冰围和冰斗中。据不完全统计，终年积水的大小湖泊有50多个，多呈圆形或椭圆形，水面宽度多数为300米左右，湖水深度一般为8米。

冰蚀湖的湖底湖畔多为巨大的石条、石板平铺，部分为裸露基石。所有湖泊的湖周都保存有大量的冰蚀现象和各种冰碛物，湖水则由于基岩颜色、湖周植被或腐殖土、湖中水草等的不同而显现翠蓝、棕红、棕黄、草绿、墨绿等颜色。

湿地特色

  湿地泛指暂时或长期覆盖水深不超过2米的低地，土壤充水较多的草甸以及低潮时水深不过6米的沿海地区，包括各种咸水淡水沼泽地、湿草甸、湖泊、河流以及泛洪平原、河口三角洲等，是陆地、流水、静水、河口和海洋系统中各种沼生、湿生区域的总称。

  湿地是地球上具有多种独特功能的生态系统，它不仅为人类提供大量食物、原料和水资源，而且在维持生态平衡、保持生物多样性和珍稀物种资源以及涵养水源、蓄洪防旱、降解污染、调节气候、补充地下水、控制土壤侵蚀等方面都起到了重要的作用。

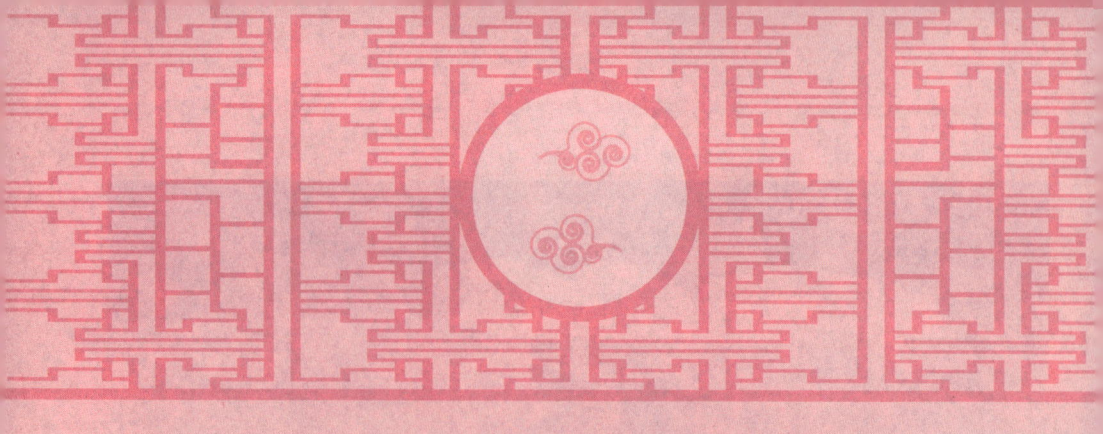

长江下游的肺脏鄱阳湖湿地

　　湿地形成的原因有很多，如果从广义来说，海岸和河口的潮间带、湖泊边缘的浅水地带、河川行水区附近，都是水分充足的地方，也是最容易形成湿地的地方。

　　在这些区域里，有的是因为大自然的地理变化，有的是因为人类的开发等外力介入，促成了湿地的诞生。

　　自然界的力量是无穷无尽的，经由漫长的地理变化过程，造就出

了许多特殊的地理景观，天然湿地也是这种作用下的产物。最多的湿地出现在河流出海口或河流经过的沿岸，宽广的出海口因为长年淤积而产生泥滩地。

在大陆棚边缘因为潮汐涨退的缘故，有的也会形成滩地。在河口海岸生长的红树林具有阻挡泥沙的功能，所以也会造成湿地生态，而海岸漂沙围成的潟湖，以及隆起的珊瑚礁、裙礁、堡礁、潮地等，都是形成湿地的原因。

在平原及高山上，同样会因为这种不同因素的积水现象，孕育出各种湿地。

例如海水倒灌之后造成海岸边较低地层的积水，老年期的河水改道，旧有河道残留大量积水，内陆的湖泊经过长年的淤沙，或高山冰水退去之后会有大量积水而形成泥滩地，都是形成湿地的天然力量。

鄱阳湖湿地位于江西北部鄱阳县境内。是鄱阳湖在天然、人工、常久、暂时之沼泽地、湿原、泥炭地或水域地带，能够保持静止、流动、淡水、半咸水、咸水、低潮时水深不超过6米的水域。

绝妙地理环境

鄱阳湖在古代有过彭泽、彭湖、官亭湖等多种称谓,在漫长的历史年代中有一个从无到有,从小到大的演变过程。

远在地质史"元古代"时期,湖区为"扬子海槽"的一部分,大约在八九亿年前的燕山运动时期,湖区地壳又经断陷构成鄱阳湖盆地雏形。

传说中的黄帝时期,"彭蠡泽"向南扩展,湖水进抵到现在的鄱阳湖。在彭蠡泽大举南侵之前,低洼的鄱阳盆地上原本是人烟稠密的城镇,随着湖水的不断南侵,鄱阳湖盆地内的鄱阳县城和海昏县治先后被淹入湖中。

而位于海昏县邻近较高处的吴城却日趋繁荣成为江西四大古镇之一。因此,历史上曾有"淹了海昏县,出了吴城镇"的说法。

易变性是鄱阳湖湿地生态系统脆弱性表现的特殊形态之一：当水量减少以至干涸时，该湿地生态系统演潜为陆地生态系统；当水量增加时，该系统又演化为湿地生态系统。

水文决定了鄱阳湖系统的状态。鄱阳湖湿地是一种特殊的生态系统，该系统不同于陆地生态系统，也有别于水生生态系统，它是介于两者之间的过渡生态系统。

有著名学者曾说：

鄱阳湖生态湿地，是长江下游气候的肺脏。

鄱阳湖湿地，烟波浩渺、水域辽阔。漫长的地质演变，形成南宽北狭的形状，犹如一只巨大的宝葫芦系在万里长江的腰带上。

受东南季风大量水蒸气的影响，鄱阳湖年降雨量在1000毫米以上，从而形成"泽国芳草碧，梅黄烟雨中"的湿润季风型气候，并成为著名的湿地鱼米之乡。

从鄱阳湖湿地系统的生物多样性来说，鄱阳湖湿地是陆地与水体

的过渡地带，兼具丰富的陆生和水生动植物资源。

鄱阳湖的底栖动物资源是非常丰富的，底栖动物是鱼类和鸟类等的天然食物，也是水环境质量监测指示生物。

鄱阳湖底栖动物有多孔动物门的淡水海绵，腔肠动物门的水螅，扁形动物门的线虫和腹毛虫，环节动物门的寡毛类和蛭类，软体动物门的腹足类和瓣腮类，节肢动物门的甲壳类、水螨和昆虫，苔藓动物门的羽苔虫。

据调查，鄱阳湖已知的底栖动物有106种，其中包括软体动物87种，水生昆虫5目8科17种，寡毛类12种。

鄱阳湖87种贝类中，腹足纲8科16属40种，双壳纲4科17属47种，其中的40种为我国的特有物种。

鄱阳湖腹足纲的种类主要以中国圆田螺、铜锈环棱螺、方形环棱螺、长角涵螺、中华沼螺等分布较广且数量较多，河圆田螺、包氏环棱螺、长河螺、色带短沟蜷等数量稀少。

鄱阳湖底栖动物的分布因水深、水流、底质和水生植物生态类型

的种类和数量有显著的差异。在沉水植物区双壳类占绝对优势，其次是湖北钉螺、中华沼螺和纹沼螺。

在菰丛区则主要是腹足类的梨形棱螺、中国圆田螺和中华圆田螺。在河口、河道中有大量的刻纹蚬、背角无齿蚌、方格短沟蜷、铜锈环棱螺、背瘤丽蚌等。

底质有机质丰富的地带，方形环棱螺和中华圆田螺的数量较多。湖中的消落区软体动物贫乏。寡毛类和摇蚊幼虫分布全湖，但菰丛区比沉水植物区大，湖西北的密度比湖东南大。

鄱阳湖虾类有8种，占江西已知虾类10种的80%，其中秀丽白虾和日本沼虾为优势种。鄱阳湖有蟹类4种，占江西已知蟹类14种的28.57%。中华绒螯蟹分布在长江和鄱阳湖等地。

当然，鄱阳湖湿地还拥有丰富的鱼类资源和鸟类资源。鄱阳湖已记载鱼类有140种，主要优势种为鲤、鲫、鳊、鲂、鲌、鳜、青、鲢、鳙等。

属国家一级保护动物的有白鲟和中华鲟，二级保护动物有胭脂鱼。

为了保护和合理地利用鄱阳湖渔业资源，江西政府在鄱阳湖划定了休渔区和休渔期。在每年的3月20日至6月20日为休渔期，在冬季还实行轮换休港，以保护鱼类越冬。

鄱阳湖已知鸟类310种，其中典型的湿地鸟类159种。按居留型分，留鸟45种，冬候鸟155种，夏候鸟107种，迷鸟3种，有13种为世界

濒危鸟类。

属国家保护动物的有54种，其中一级保护动物10种：白鹤、白头鹤、大鸨、东方白鹳、黑鹳、中华秋沙鸭、白肩雕、金雕、白尾海雕和遗鸥。

二级保护动物44种，如小天鹅、卷羽鹈鹕、白枕鹤、灰鹤、沙丘鹤、白额雁、白琵鹭等。

近年来，鄱阳湖又成为东方白鹳的重要栖息地，2800多只东方白鹳在鄱阳湖越冬，约占世界总数的80%。

总体而言，鄱阳湖的东部余干、波阳一带由过去以雁鸭类为主，扩展为鹤类、鹳类、小天鹅、白琵鹭以及雁鸭类等的较重要越冬栖

息地。

鄱阳湖南部南矶山、南昌、新建和进贤一带由过去以小天鹅、雁鸭类为主，扩展为以保护区为中心的鹤类、鹳类、小天鹅、白琵鹭、猛禽和雁鸭类以及鸥类、鹬类等的重要栖息地。

鄱阳湖北部庐山区、湖口一带以雁鸭类、鹭类、鸬鹚等为主，都昌新妙湖、三山、泗山、朱袍山等岛屿一带由过去以雁鸭类为主，扩展为以白鹤、东方白鹳、小天鹅、雁鸭类、鹭类为主的较重要栖息地。

从鄱阳湖湿地系统的生态脆弱性方面来看，水文、土壤和气候形成了湿地生态系统环境的主要素，进而影响生物群落结构，改变湿地生态系统。

鄱阳湖湿地还具有生产力高效性，湿地生态系统同其他任何生态系统相比，初级生产力较高。

　　鄱阳湖湿地的效益具有综合性，具有调蓄水源、调节气候、净化水质、保存物种、提供野生动物栖息地等基本生态效益。

知识点滴

　　鄱阳湖原叫彭蠡湖，相传在远古时期，江西这块地方并无大的湖泊，故每年不是大旱便是洪涝，民不聊生。

　　赣北有一位叫彭蠡的勇士，立志要开凿一个大的湖泊造福于民，彭蠡就带领乡亲们挖地造湖。谁知开挖时，却遇到一条千年成精的蜈蚣，因蜈蚣怕水，蜈蚣精想方设法进行阻挡。

　　彭蠡决心已定带领家人和乡邻继续开挖，直到他双手虎口被震裂，鲜血直流，彭蠡的善举感动了天上司晨的酉星官，就派自己的两个儿子大鸡和小鸡下凡帮助彭蠡除妖。

　　战败的蜈蚣精化作了松门沙山，大鸡、小鸡担心这条蜈蚣精再祸及人间，便化作大矶山、小矶山，世代守着鄱阳湖，永保地方安宁。

　　后人为纪念彭蠡造湖有功，将该湖取名"彭蠡湖"。

天然博物馆的向海湿地

听老人们讲,当年的玉皇大帝曾将一条违犯天条的黑龙贬下凡间,在黑龙江修炼,但黑龙顾念苍生,年年旱时降甘霖,涝时排涝引洪,使这里风调雨顺,五谷丰登。

特别是它经常化作一位黑面的书生,自称姓李,到民间访贫问苦,帮助乡亲们。人们都亲切地称呼它为"老李"。

后来，有一条白龙在向海一带作恶，糟蹋庄稼，为害乡邻。老李知道后，就专门从黑龙江赶来收服它，经过几场大战，终于赶跑了为非作歹的白龙，但黑龙也受了重伤，尾巴被白龙咬掉，这就是"秃尾巴老李"的由来。

　　不过据说黑龙身受伤重，不能驾云回老家黑龙江了，于是就只好在向海当地养伤，后来就在黑龙养伤的地方出现一片沼泽，成为后来的向海湿地。

　　而向海则是因香海庙而得名的。历史上，香海一带是蒙古族王爷哈图可吐的领地，蒙古族多信仰藏传佛教。

　　1664年初，在山清水秀的香海湖西塔甸子，建起了一座青砖灰瓦的寺庙，初名为"青海庙"。

　　1784年，乾隆皇帝赐名为"福兴寺"，并亲笔以满、汉、蒙、藏4种文字书写匾额和碑文：

绝妙地理环境

云飞鹤舞,绿野仙踪。
福兴圣地,瑞鼓祥钟。

在北京的雍和宫《福兴寺志》内还留有这段记录。当年福兴寺殿宇崇宏,善男信女络绎不绝,逢吉日更盛。

1928年,西藏活佛班禅大师曾专程来此传经说法,福兴寺内整日香烟缭绕,弥漫如海,故俗称香海庙。其所在地也被当地人称为香海,后来错传为向海,久而久之,就正式命名为向海了。

向海湿地位于吉林省白城地区通榆县西北面,向海水库的南面,科尔沁草原的东部边陲,面积为10.7万公顷,是国家级的自然保护区。

向海湿地是以我国西部草原原始特色的沼泽、鸟兽、黄榆、苇荡、杏树林和捕鱼等自然景观为主的区域,素有"东有长白、西有向海"的美誉。

区内为典型的草原湿地地貌，三条大河霍林河、额木太河、洮儿河横贯其中，两个大型和上百个小型的自然泡沼星罗棋布。

蜿蜒起伏的沙丘，波光潋滟的湖泊，千姿百态的蒙古黄榆，绿浪韶滚的蒲草苇荡，牛羊亲吻着草地，鱼虾漫游于池塘，渔翁、牧童、炊烟、农舍等一起构成了一组秀丽的田园诗，一幅淡雅的风俗画。

区内自然资源丰富，有200余种草本植物和20多种林木。有鱼20多种、鸟类173种、鹤类6种，其中鹤类占全世界现有鹤的40%。

珍稀禽类有丹顶鹤、白枕鹤、白头鹤、灰鹤、白鹤、天鹅、金雕等，在当地远近闻名。

这里还是各种走兽出没的天然动物园，在草地中、树林里生活着狍子、山兔、黄羊、狐狸、灰狼、黄鼠狼、艾虎等30余种大大小小的动物。

绝妙地理环境

借用唐代诗人刘禹锡的"晴空一鹤排云上,便引诗情到碧霄"的诗句,来描述被称为丹顶鹤故乡的向海的瑰丽景观是再恰当不过了。

向海保留了完好的自然景观、原始的生态环境和多样性的湿地生物,不仅是我国的一块宝地,也是世界的一块宝地。

向海湿地具有极高的科研价值。向海自然保护区被列入拉姆萨尔公约《世界重要湿地名录》,并被世界野生生物基金会评为"具有国际意义的A级自然保护区",每年吸引大批专家学者来此考察、观光,进行学术交流。

国内的鸟类学者和鸟类爱好者,每年也都来此开展科学研究,观看各种水禽和欣赏湿地风光。向海,已成为我国东北地区重要的生物多样性保护地和科研教学基地之一。

除了鼎鼎大名的丹顶鹤,全世界15种鹤类中,向海就有6种,远近

闻名。各种珍稀鸟类共173种,《濒危野生动植物种国际贸易公约》中的鸟类向海有49种。

另外,这里各种兽类、鱼类、野生植物种类繁多,是急需保护的珍贵的天然博物馆。

向海也是个令人情牵梦萦的地方。关于向海的动人传说多如天上的繁星。神奇的是,据说每一个来过这里的人都会经历一次传奇的体验,留下一段动人的故事,成为他们毕生难以忘怀的情结。

向海是内蒙古高原和东北平原的过渡地带,地势由西向东微微倾斜,海拔在156米至192米之间,垄状沙丘与垄间洼地交错相间排列,向西北、东南方向延伸,从而形成了沙丘榆林、茫茫草原、蒲草苇荡、湖泊水域的自然景色,孕育了种类极其丰富、起源原始古老的生物资源。

向海湿地还有许多著名的景点，如鹤岛就是其中的一个。鹤岛三面环水，一面临山，植被多样，灌木葱茏，环岛水域内，蒲草苇荡高可过人，茂密连片，最值得一看的当然还要数人工驯化成功的半散养的丹顶鹤。

博物馆是向海自然保护区的微观缩影，体现了向海湿地特性，尤其各种动物栩栩如生。一幅幅白鹳筑巢，鹤翔雁舞，仙鹤育雏等真实照片，会把人带入神奇的动物世界当中。

蒙古黄榆林是亚洲最大的蒙古黄榆林区域，面积约为50平方千米。蒙古黄榆树是亚洲稀有树种，属于榆科、榆属，是天然次生林，是干旱地区沙丘岗地上特有的树种。

知识点滴

关于蒙古黄榆林有个传说，说是原来的白城兴隆山常年有沙暴，导致这里不能畜牧，也不能耕种，人们生活苦不堪言。

后来一位仙人途经此处，看到百姓困苦，心中不忍，遂将手中的龙头拐杖扔下云头，沙丘之上便多了方圆百里的蒙古黄榆林，风沙也随之驯服，烟消云散了。

虽然传说当不得真，但这蒙古黄榆林却真真切切地矗立在县城一旁。站在赏榆亭上观景，能将黄榆林尽收眼底。

黄榆在夏天也不是绿色，放眼望去是一片枯黄之色，犹如深秋来临。它们的姿态各异，有的像古藤盘柱，有的如游龙过江，有的若霸王挥鞭，有的似八仙过海。让人惊奇的是，黄榆在如此恶劣的环境中，并没有攀援成林，而是一棵棵屹立在那里，守护着脚下的黄沙。

冰川风貌

　　冰川也称冰河，是指大量冰块堆积形成如同河川般的地理景观。在终年冰封的地区，多年的积雪经重力或冰河之间的压力，沿斜坡向下滑形成冰川。

　　受重力作用而移动的冰河称为山岳冰河或谷冰河，而受冰河之间的压力作用而移动的则称为大陆冰河或冰帽。

　　我国的冰川，包括境内冰川和雪山，主要分布于我国的西部，包括西藏、新疆、四川、云南、甘肃、青海等省区。

　　青藏高原由于冰川冰雪累积和融化相对稳定，确保了江源河源地区水源的稳定，是很多河流的源头。

誉为绿色冰川的阿扎冰川

冰川是水的一种存在形式，是雪经过一系列变化转变而来的。要形成冰川首先要有一定数量的固态降水，其中包括雪、雾、雹等。没有足够的固态降水作"原料"，就等于"无米之炊"，根本不能形成冰川。

在高山上，冰川能够发育，除了要求有一定的海拔外，还要求高山不要过于陡峭。如果山峰过于陡峭，降落的雪就会顺坡而下，不能形成积雪，也就谈不上形成冰川了。

雪花一落到地上就会发生变化，随着外界条件和时间的变化，雪花会变成完全丧失晶体特征的圆球状雪，称之为粒雪，这种雪就是冰川的"原料"。

积雪变成粒雪后，随着时间的推移，粒雪的硬度和它们之间的紧密度不

断增加，大大小小的粒雪相互挤压，紧密地镶嵌在一起，其间的孔隙不断缩小，以致消失，雪层的亮度和透明度逐渐减弱，一些空气也被封闭在里面，这样就形成了冰川冰。

冰川冰最初形成时是乳白色的，经过漫长的岁月，冰川冰变得更加致密坚硬，里面的气泡也逐渐减少，慢慢地变成晶莹透彻，带有蓝色的水晶一样的老冰川冰。冰川冰在重力作用下，沿着山坡慢慢流下，就形成了冰川。

我国的冰川面积分别占世界和亚洲山地冰川总面积的14.5%和47.6%，是中低纬度冰川发育最多的国家。我国的冰川分布在新疆、青海、甘肃、四川、云南和西藏6省区。其中西藏的冰川数量多达二万多条，面积达近29000万平方千米。

我国冰川自北向南依次分布在阿尔泰山、天山、帕米尔高原、喀喇昆仑山、昆仑山和喜马拉雅山等14条山脉。这些山脉山体巨大，为

冰川发育提供了广阔的积累空间和有利于冰川发育的水热条件。

通过考察发现，我国冰川面积中大于100平方千米的冰川达33条，其中完全在我国境内的最大山谷冰川是音苏盖提冰川，面积为392平方千米，最大的冰原是普若岗日，面积达423平方千米，最大的冰帽是崇测冰川，面积达163平方千米。

总体而言，我国山岳冰川按成因分为大陆性冰川和海洋性冰川两大类，总储量约5.13万亿立方米。前者占冰川总面积的80%，后者主要分布在念青唐古拉山的东段。

按山脉统计，昆仑山、喜马拉雅山、天山和念青唐古拉山的冰川面积都超过7000平方千米，4条山脉的冰川面积共计40300平方千米，约占全国冰川总面积的70%。

其余30%的冰川面积分布于喀喇昆仑山、羌塘高原、帕米尔、唐古拉山、祁连山、冈底斯山、横段山及阿尔泰山。

冰川具有很强的侵蚀力，大部分为机械的侵蚀作用，其侵蚀方式可分为4种。

拔蚀作用是冰床底部或冰斗后背的基岩，沿节理反复冻融而松动，若这些松动的岩石和冰川冻结在一起，当冰川运动时就会把岩块拔起带走，这称为拔蚀作用。

经拔蚀作用后的冰川河谷其坡度曲线是崎岖不平的，形成了梯形的坡度剖面曲线。

磨蚀作用是当冰川运动时，冻结在冰川或冰层底部的岩石碎片，因受上面冰川的压力，对冰川底床进行削磨和刻蚀，称为磨蚀作用。

磨蚀作用可在基岩上形成带有擦痕的磨光面，而擦痕或刻槽是冰川作用的一种良好证据，其方向可以用来指示冰川行进的方向。

冰楔作用是指在岩石裂缝内所含的冰融水，经反复的冻融作用，体积时涨时缩，从而造成岩层破碎，成为碎块，或从两侧山坡坠落到冰川中向前移动。

其他作用是指的当融冰之水进入河流时，其中常夹有大体积的冰块，容易产生强大的撞击力，严重破坏下游的两岸岩石。

由于冰川的侵蚀作用所产生的大量松散岩屑和从山坡崩落的碎屑，会进入冰川系统，随着冰川一起运动，这些被搬运的岩屑称为冰碛物，依据其在冰川内的不同位置，可分为不同的搬运类型。

出露在冰川表面的冰碛物称为表碛，夹在冰川内的冰碛物内碛，堆积在冰川谷底的冰碛物为底碛，在冰川两侧堆积的冰碛物为侧碛。两条冰川汇合后，其相邻的侧碛即合而为一，位于会合后冰川的中间称为中碛。

随冰川前进，而在冰川末端围绕的冰碛物，称为终碛。由于冰川在后退的过程中，会发生局部的短暂停留，而每一次的停留就会造成一个后退碛。

冰川的搬运作用，不仅能将冰碛物搬到很远的地方，也能将巨大的岩石搬到很高的部分，这些被搬运的巨大岩块即为漂石，其岩性和该地附近基岩完全不同。冰川的搬运能力很强，但相对地，冰川的淘选能力很差。

冰川携带的沙石，常沿途抛出，故在冰川消融以后，不同形式搬运的物质，堆积下来便形成相应的各种冰碛物。所

谓的冰碛物是指由冰川直接造成的不成层冰积物，而冰积物，就是指直接由冰川沉积的物质，或由于冰水作用的沉积物，及因为冰川作用而沉积在河流湖泊海洋中的物质。

冰川的地形地貌由高向低分为三个阶梯：第一阶梯是冰川的形成区。在这个区域里，由于海拔高，除可作专业登山队的训练基地外，一般旅游者无法涉足。只能从高处远眺其雄伟壮观的风姿。第二阶梯是冰川中间的大冰瀑布。第三阶梯是冰川下端的冰川舌。巨大的冰川好似巨大的银屏凌空飞挂，银光刺眼，晶莹璀璨，气势磅礴。这些状若玉龙，势如巨蟒的冰川，蜿蜒飞舞于寒山空谷之中，千姿百态，蔚为壮观。

阿扎冰川属于海洋型冰川，位于西藏地区察隅县上察隅镇境内，雪线海拔只有4.6千米，朝向西南，长20千米左右。

其中，冰川的前沿部分深入原始森林区长达数千米，犹如一条银色巨龙穿行于"绿色海洋"之中，形成极为罕见的森林冰川景观。所

以，阿扎冰川又被人们亲切地称为"绿海冰川"。

海洋型冰川主要分布在西藏的东南部雅鲁藏布江大拐弯附近的喜马拉雅山南翼、念青唐古拉山东段及横断山等降水充沛的地方。

阿扎冰川位于波密东端，来果冰川的东南侧，是西藏海拔最低的冰川，主峰高度约6.9千米，其冰舌分为南北二支，北支为附冰舌，分布在然乌镇境内；南支为主冰舌，一直延伸到山地常绿阔叶林带上部海拔2.5千米的察隅县境内。

由于阿扎冰川的海拔高差在6千米以上，所以同在一条沟，十里不同天，具有亚热带到寒带的所有气候特征。

阿扎冰川地处察隅曲西支岗日嘎布迎风面，空气绝对湿度与相对湿度较高，冰面凝结现象显著，还有许多动物，植物和微生物。阿扎冰川夏季多雨，冰面生物有冰蚯蚓、冰蚤等动物。

阿扎冰川地处森林向草甸植被的过渡地带，植被类型比较简单。植被类型主要有亚高山常绿针叶林、高山灌丛草甸和高山植被稀疏带。植物种类有61科194属505种。

在海拔4.3千米以下分布着云冷杉，有些地方出现亚高山中叶型杜鹃灌丛。阳坡主要为大果圆柏林，海拔4.3千米以上则是高山灌丛草甸带，阴坡一般为雪层杜鹃、藏匍柳、银露梅、扫帚岩须等矮灌丛。

阳坡为高山草甸，由小嵩草、细弱嵩草、珠芽蓼、胎生早熟禾及多种龙胆、虎耳嵩草、火绒草、风毛菊、唐松草、苔草、双叉细柄茅等组成。

海拔4.5千米至4.8千米多为流石滩，其上植物稀少，主要有三指雪莲花、毡毛雪莲、黑毛雪兔子、纤缘风毛菊、矮垂头菊、糖芥绢毛菊、绵参、囊距翠雀花等，盖度极小，雪线大约在5.4千米附近。

原始的森林植被和完好的自然生态环境为野生动物的繁衍栖息提供了良好生存条件，据考察统计，哺乳类有7目15科42种，鸟类有10目30科90种，两栖类有1目3科5种。

其中国家一级保护动物有雪豹、马麝、白唇鹿、金雕、白肩雕、白尾海雕、斑尾榛鸡、雉鹑8种，国家二级保护动物有猕猴、豺、黑熊、小熊猫、岩羊、藏雪鸡、藏马鸡等26种。

知识点滴

冰舌区是冰川作用最活跃的地段，也是冰川的消融区。冰舌的最前端部分也称为冰川末端，表面常有冰面流水、冰裂隙，冰内还能形成冰洞、冰钟乳、冰下河，其前端常因冰雪补给和消融对比的变化而变化，发生冰川的进退。

冰川舌在消融过程中形成了千姿百态的冰面湖、冰塔、冰柱、冰桥、冰洞、冰弧拱、冰裂缝、冰蘑菇、冰融泉等，颇为壮观。

非常具有灵性的米堆冰川

　　米堆冰川在米堆河的上游,米堆河是雅鲁藏布江下游的二级支流,它在川藏公路84千米道班处,从帕隆藏布南岸汇入帕隆藏布,是藏东南海洋性冰川的典型代表。

　　米堆冰川特征典型,类型齐全,以发育美丽的拱弧构造闻名,是

罕见的自然奇观。在这里冰川、湖泊、农田、村庄、森林等融会在一起，是一处人与自然和谐相处的典范，被评为我国最美的六大冰川之一。

米堆冰川位于西藏东南的念青唐古拉山与伯舒拉岭的接合部，这里是我国最大的季风海洋性冰川的分布区。

念青唐古拉山与伯舒拉岭是一系列东南走向的高山，从印度洋吹来的西南季风，能够沿雅鲁藏布江和察隅河谷北上，深入到这一系列高山之中，并带来了大量的降水，于是在一个叫米堆的藏族村庄后的一座海拔约6.4千米的雪峰周围，诞生了一个壮美的精灵，也就是米堆冰川。

米堆是以一座冰川得名的一个地方，它位于西藏林芝地区波密县东约100千米处。米堆冰川主峰海拔6.8千米，雪线海拔只有4.6千米，末端只有2.4千米。

米堆冰川由世界级的冰瀑布汇流而成，每条瀑布高800多米，宽1千多米，两条瀑布之间还分布着一片原始森林。冰川周边山花烂漫，林海葱茏舞银蛇。

冰川下段穿行于针阔叶混交林带，是西藏最主要的海洋型冰川，我国三大海洋冰川之一，也是世界上海拔最低的冰川。

米堆冰川常年雪光闪耀，景色神奇迷人。米堆冰川所在的纬度为北纬29度，但冰川末端却比北纬近44度的天山博格多山的冰川还要低，这是我国现代冰川中较为特殊的现象，这与喜马拉雅山东南段的气候有着密切的关系。

米堆冰川是我国典型的现代季风型温性冰川，类型齐全，尤以巨大的冰盆、众多雪崩，陡峭巨大、700米至800米的冰瀑布，消融区上游的冰面弧拱构造以及冰川末端的冰湖和农田、村庄共存为特点。

米堆冰川发育在源头海拔6千米左右的雪山，雪山上有两个巨大的围椅状冰盆。冰盆三面冰雪覆盖，积雪随时可以崩落，直立的雪崩槽如刀砍斧劈般，在几个小时内就能观察到3次雪崩。

频繁的雪崩是冰川发育的主要补给方式，冰盆中冰雪积聚多了，就会流出来，它以巨大的冰瀑布形式跌落入米堆河源头冰盆地中，冰瀑布足有800米之高，景象奇特，气势宏伟，实属世间少见，不由得赞叹着大自然的造化！

如果把冰川看作是高山上遨游下来的"寒龙"的话，那弧拱构造恰似龙的根根肋骨，它们是由于冰瀑区的冰在冬天和夏天的温度和湿度不同而造成的。米堆冰川上如此发育清晰，规模巨大的弧拱构造，在其他冰川上是没有见过的，不能不说是一大冰川奇观。

发生频繁的雪崩奇观，巨大的冰瀑布奇观，发育完全美丽的弧拱奇观，这一切成就了米堆冰川和米堆川藏公路，是帕隆藏布的"西藏江南"，风景奇特，远近闻名。

离开米堆川藏公路，过了新建的横跨额公藏布江的公路桥后，就是一条两面均是悬崖绝壁的峡谷，沿着小河仅能通过一辆车的村道，就会到达一大片的宽阔谷地，远处两条壮观的冰瀑布挂在雪峰与森林之间，犹如两道由天而下的巨大银幕。

如果想要和米堆冰川有一个近距离的接触，就需要徒步走进层林尽染的森林，翻越三道冰川运动留下的终碛垄。

当走上第三个终碛垄时，一个冰湖出现在眼前，冰湖的另一端有一道宽近两米、高达十数米的断裂的冰舌，发出幽幽的蓝光，从天而下的冰瀑布在阳光下闪着银色的光芒，近800米的落差让人感到一阵晕眩，一阵阵从冰川上吹来的寒风迎面扑来，在强烈的阳光下，让人不寒而栗。

冰瀑奇观只有在补充丰富、消融得快的冰川上才会出现，如消融得快而补给不足，冰瀑就会中断，形成"悬冰川"。

而补充过快而消融不及，冰雪就会把悬崖埋没。米堆冰川就是一条补充和消融都很"均衡"，非常具有灵性的冰川。

知识点滴

米堆冰川冰洁如玉、景色优美、形态各异、姿态迷人，周围有成群的牛羊、古朴的藏式民居、雄伟壮观的雪山，有常年不离的攀羊、猴子等野生动物。

米堆冰川的旅游资源丰富，气候湿润，物产丰富，交通便利，开发潜力巨大，可操作性强。冰川附近的米堆村有3个自然村，村内的虫草资源较为丰富。

村内的居民热情好客，院落是用原木搭建的藏屋，大多是二层，第二层有一半是晒台，晒台上支起的木杆上搭满了收获的小麦和青稞，院落与冰川相容在一起，相映成趣，为米堆冰川增添了一抹灵气。